YONG MEILI
ANDUN LINGHUN

用美丽安顿灵魂

始于美丽，久于智慧，终于简单

崔爱丽◎著

一个人之所以活得越来越自在，不是因为得到
越来越多，而是计较越来越少。

中国商务出版社
CHINA COMMERCE AND TRADE PRESS

图书在版编目（ＣＩＰ）数据

用美丽安顿灵魂 / 崔爱丽著 .—北京：中国商务
出版社，2017.11
ISBN 978-7-5103-2119-1

Ⅰ.①用… Ⅱ.①崔… Ⅲ.①散文集－中国－当代
Ⅳ.① I267

中国版本图书馆 CIP 数据核字（2017）第 262188 号

用美丽安顿灵魂
YONG MEILI ANDUN LINGHUN
崔爱丽　著

出　　版：	中国商务出版社	
地　　址：	北京市东城区安定门外大街东后巷 28 号　邮编：100710	
责任部门：	职业教育事业部（010-64218072 295402859@qq.com）	
责任编辑：	周　青	

总 发 行：中国商务出版社发行部 （010-64208388 64515150 ）
网　　址：http://www.cctpress.com
邮　　箱：cctp@cctpress.com

排　　版：北京坤石文化创意有限公司
印　　刷：三河市兴国印务有限公司
开　　本：710 毫米 ×1000 毫米 1/16
印　　张：14.25　　　　　　　　　　　字　　数：130 千字
版　　次：2018 年 1 月第 1 版　　　　　印　　次：2018 年 1 月第 1 次印刷
书　　号：ISBN 978-7-5103-2119-1
定　　价：49.00 元

前言

  人生是一个寻求必寻见的过程，每一段的经历都是上天给到我们最好的礼物。古人说"随性而存，知命无忧"，人生就是这个道理。

  随缘并不代表着安于命运，生命的力量就是这么神奇，聚焦我们想要的会得到，聚焦我们不想要的，也会得到。人这一辈子有多少无常就有多少修行，这个世界到底是什么样子与世界无关，与我们把它制造成什么样子有关。人生最美好的境界，莫过于用美丽安顿灵魂，心纯净了，世界就会跟着靓丽起来。

  这些年一直有写日记的习惯，看着这些日记本，都是夜深人静时享受独立思考的空间杰作。越是领悟人生越是会深深地感到，在生命短暂的历程中，我们空手而来，终将也会空手而去。唯一能留在这世上不遗憾的也只有行在这路上，相互行善，温暖更多的人。

  曾经有人问我："爱丽姐，怎样实现梦想？"我想了想告诉她：'理想是闯出来的，结果是干出来的，想成功只有四个字'坚持到底'。"人生是由一件一件事情组成的，做事情不能像跑车的外表，华丽而张扬，关键是要有它内在强烈的驱动力，若想在短暂的生命历程中成就点什么，就必须在不断成长的过程中学会重塑自我。

今年的记录就是明年的起点，人生最骄人的成绩不仅仅是让长者因为我们而骄傲，让更多年轻人的人生因为我们而辉煌，最关键的一点还是要做到让自己满意。高调做事低调做人是一条必备的人生准则，与人沟通最重要的就是将彼此定位在共赢的基础上，始终保持率真的品质和善良的包容。一件事既然要做，就要做到最好，它是我们生命中的杰作，所以一定要力求完美。

回望人生几十年的历程，每当我看到更多的人流露幸福与喜悦，内心就无比的踏实与欢喜。

这本书记录了很多我人生的印记，也记录了无数个沉静深夜自己与心灵深刻的交流，当人生百味融入生活，浮华渐渐淡去，真实的自我就开始说话，随着笔墨在本子上流淌出富有生命的句子，我的嘴角就泛起了安详喜乐的笑容。不知就在此刻，就在你翻开这本书的瞬间，你是否也能享受到我渴望分享给您的那份真心呢？

人生的过程：始于美丽，久于智慧，终于简单，愿我们能以文字、思想为媒介，将能量彼此连接，从此以后，好好爱自己，静静地、快乐而幸福地用美丽安顿灵魂。

CONTENTS 目录

始于美丽——追寻必寻见，美丽永远等在前方

久于智慧——生命一大乐事，找到自己与智慧的焦点

终于简单——心如明月境如水，简简单单好好活

始于美丽

——追寻必寻见，美丽永远等在前方

　　人生是一个寻求必寻见的过程，每个人都有资格成为自己想成为的样子，追逐美的方向，一路皆有花香，这世间没有什么不配得到，只有不自信的轻言放弃，全方位地感知自己、完善自己，只要你愿意努力，美丽永远就在前方等着你。

第一章

形美——
一颦一笑皆有风韵，举手投足都是意境

　　在美业驻足了那么久，我知道美丽的能量是不言而喻的。完美的姿态与妆容，一出场就拥有震撼全场的力量。真正会美的女子，都是这世间一道最美的风景，她们一颦一笑皆有韵味，举手投足融入优雅，这并不完全取决于上天的恩赐，更多的还是源自自己后天的不断努力。认真地完善好生命的每一个细节，发现自己最吸引人的闪光点，你的意境也将与众不同。

▶ 姿态：
行动坐卧，做不好你就是富而不贵

一个精致的女人绝对配得上精致的人生，行动坐卧，每一个细节都彰显着非凡风度和气质，在言辞与行动间，蕴含着的是一颗自律而高贵的灵魂，真正的富贵莫过于此，行高贵的路，过有档次的美丽人生。

（1）搞不定细节，就别跟我谈精致

常常听人说精致的女人一定要有精致的生活，而这种生活更多意义上来源于她们对自身细节的严格要求，当一个女人风姿优雅地站在你的面前，你是很难想象在这华丽外表之后，她经历的是怎样专注而认真的蜕变过程。天姿固然可贵，但更可贵的在于后天的努力，这个世界并不缺少美女，缺少的是美女内心的那份自律和高贵，一切在于历练，一切在于要求，一切在于不断地完善和优化，让自己的每一个细节做到无可挑剔并不是一件容易的事情，但假如你可以坚持下去，每一天完善一点点，那么一年下来，也必将是成绩斐然。

回想起来从事美业已经十几个年头了，我经历了很多女人从丑小鸭到白天鹅的蜕变，如今新兴的技术，给很多爱美的女性带来新的希望，同时也赋予了她们

更尖锐的挑战。要知道，美丽的外表配上精致的内心才能真正实现协调，如果只在乎外表，而不追求内在的完善，那么所付出的再多，也要通通归零。

曾经有个女孩儿问我："爱丽姐，你说什么状态的女人最美？"看着她稚嫩的双眼，我微笑着告诉她："美而精致，贵在细节。""那我应该怎样实现这个目标呢？"女孩儿又问。我拍拍她的肩膀说："认真优化生命中的每一个细节，是爱自己的最佳方式，它会让你知道自己想要什么，它也会让你明白如何最大化地运用自己的美，它会让你更专注于内在的那颗心，它不至于让你迷茫，因为你已经知道如何笑出自己的强大。"美是女人的风度，细节蕴含着女人的尊严，努力维系好这份上天恩赐给自己的这份福祉，才能最终找到真正属于自己的幸福。假如你对这一切有所错失，也并不在意，那么即便外表再光鲜也是华而不实，美而不贵。

记得有一次，公司招聘员工，经过筛选，人力资源负责人给了我 20 个应聘者的名单，为了能深入地了解情况，我便亲自对她们进行面试，当几个应聘者并排坐好，我便开始针对她们其间的每一个细节进行测评，结果不出三分钟就筛去了好几个，我真的难以想象，应聘这样隆重而特殊的场合，有人在着装和礼仪方面却没有丝毫准备。不可否认，此时正值夏季，天气确实很热，但至少自己也要做到妆容得体，这是对对方最基本的尊重，可有些人却穿着吊带装，沙滩鞋，给我的感觉不是来面试而是要到海边的沙滩上度假，让人看了心里已经开始摇头，这样的人不管交给她什么样的工作，我都是不放心的。

接下来，我又继续与剩下的几位应聘者互动，结果发现本来前面一直表现很好的她们，放松下来以后，体态细节上就一个个原形毕露了，有的开始驼背，有的翘起了二郎腿，有的开始随意看手机，抠手指头，一个个显露出漫不经心的状态，而这个时候的我也已经做到心里有数，心中有个声音一直在对自己说："她们不可以，一个对自己没有要求的人，到了岗位上一定会消极怠工的。"

最终选来选去，我只看重了一个姑娘，只见她自始至终身姿挺拔，端庄秀丽，一直保持着谦和的微笑，沟通中也是温和懂礼，让人一见就很想亲近，于是我转过头告诉人力资源负责人："就录取她一个吧。"听到这个消息她非常惊讶，对我说："崔院长，其实在前期的笔试中这个女孩儿的成绩并不是最出色的，您怎么一眼就看重了她呢？"

"因为对我而言，知识与能力是可以通过公司后期培养的，但做人首先要看他的内在素养，而细节是最可以体现一个人修养德行的，我看了一圈儿，只有这个女孩儿自始至终能做到行为得体，言谈优雅，这一点很重要，说明她对自己的要求很高，是一个认真细致的姑娘，这样的人是有可塑性的，所以我愿意给她一次机会。"几年后，不出我所料，这个女孩儿在企业中发展得非常好，在极短的时间内就取得了骄人的成绩，成为店中的骨干，获得了客户与团队的认同。

曾经看了这样一则报道，一位媒体人与演员胡歌一起吃饭，对方在整个过程中都彬彬有礼，显得异常专注，用心与对方互动，却从来没有动一下手机。这个简单的细节，就让与他吃饭的朋友获得了极大的尊重感。真正有教养的人，必然会努力完善好身上的每一个细节，让自己在言谈举止之间都能体现出高贵的德行，谦和的优雅。他们会让你觉得和他们在一起很舒服，也会让你瞬间对他们升起一种值得信赖的好感，他们身上自带的光环会让你觉得，不管什么事情只要交给他一定是百分百放心的，这才是真的美丽，这才是真的富足，它会帮助你维系好自己的社交关系，同时也能带你找到更美好的未来。

人生在世有八万六千种活法，如果每个人的活法都是自己选择的，那为什么不让自己活得更精致，更高贵呢？比起那些素面朝天的女孩儿，那些出门为自己画上精致淡妆的姑娘就是更吸引眼球的，比起时不时就"葛优瘫"，动不动就翘起二郎腿的女孩儿来说，那些身姿挺拔，坐立优雅的女孩儿是更值得信赖的；比起那些动不动就爆粗口的女孩儿而言，言辞礼貌，引经据典的女孩儿是更有内涵的。我们每个人都是自己人生的总设计师，假如你对自己要求够严格，就不应该让自己在细节上出现差错。一个人真想做到无可挑剔，需要的就是那份对自己严于律己的要求，每个人都可以在蜕变中破茧成蝶，关键就在于你愿不愿意为那个更美好的自己投入更多的精力。

所以从今天开始，做个自律的人吧，好好地改造她，对她负起百分之百的责任，因为那是你自己，你有权利让自己更加优秀，更加富足。

（2）亲爱的，你的自信哪儿去了

记得一个女孩儿刚来店里工作的时候，总是默默无语，不愿与别人交流，看着她腼腆老实的样子，我问她为什么不愿意和大家一起行动，她想了想，用极小的声音对我说："崔院长，我觉得大家业绩都很好，但我还是一颗小小草，我觉得我不够优秀，无法获得大家的认可和重视，所以心里一直很自卑，觉得自己什么也比不上大家，所以就一点点地把自己边缘化。老实说，我其实对自己的能力始终是表示质疑的，尽管我每天工作都非常认真，但是我还是觉得自己没有同事做得好。"

听了她的话，我摇摇头说："孩子你不可以总是这样低估自己，每个人都有属于自己的闪光点，你要努力在自身成长的细节中吸取能量，让自己长期身处在成功者的喜悦当中，这样才更容易实现自己的理想。这个世界不会怜悯弱者的，所以你要让你的内心强大起来，带着喜悦和自信去看待这个世界，去拥抱自己的每一天，我希望从此以后，你再不是那个自卑而羞涩的女孩儿，你要由内而外地改变自己，让自己长期处于成功者的状态，这样时间长了，想不成功都难了呢。"

常常有人问我："爱丽姐成功是从何而来的呢？"我的回答是："成功来自于一份坚定，来源于我们自己对自己的内在修炼。"闭上眼睛想象一下自己未来的样子吧，你是希望明天的你阳光灿烂，身材秀美，妆容精致，还是想继续做那个衣着随意，行为懒散，颓废而提不起精神的自己呢？走向成功美好的第一步，就是将自己的每一个细节不断修炼成成功者的样子，让自己的内心充满成功者的自信和能量，不断地告诉自己："我一定可以。"

走过了这么多年的人生之路，让我意识到，人不管在什么时候，都不能失去自己对自己的那份乐观和自信，这个世界没有什么不可以通过努力得到，但我们首先要做的就是秉持一定可以得到的信念。这时有些朋友一定会说："爱丽，你又在给我们灌鸡汤了，你知道我每个月收入才多少吗？你知道要把自己打点成一个精致丽人得花费多少时间和精力吗？白领丽人的生活不是谁想过就能过的啊！"每次听到这样悲观的感慨，我的内心都会为他们惋惜，因为在我看来，他们实在是太低估美丽和自信的价值了，真正的美并不是仅仅存续于高档的奢侈品中，它与金钱无关，却与你追求理想的信心有关。

记得小时候，家里经历了一场磨难，赚的钱连还债都不够，就别提买新衣服了，那时候小小的我，穿的全部都是姐姐的旧衣裳，尽管这些旧衣裳穿在身上并不合身，但爱美的我却从来没有放弃那份对美的追求。我努力学习剪裁改衣，把裤子对准裤线，整整齐齐地压在床底下，为的就是第二天能够穿起来更像样。那时候我就告诉自己："爱丽，你这么爱漂亮，人生不会永远这样的，总有一天你会拥有很多很多的漂亮衣服，你会成为一个美丽而精致的女人。"

就这样，童年的悲惨并没有打垮我向往成功的斗志，乐观的我始终活在成功的美好愿景里，并向着自己的目标不断努力。如今，曾经美好的期待正在一个个兑现，我终于可以秀出自己的美丽，真的拥有了很多很多漂亮的衣服，即便是每天换一身，也绝对可以不重样。而我对这一天的到来从来没感到过意外，因为我始终坚信，它迟早会到来，我会用我的双手创造一切，而一切不过只是时间问题。

假如世间真的有美神，那么她对于每一个女人来说都是平等的，这个世界上没有丑女人，只有懒女人，有钱的时候我们可以努力完善妆容，没钱的时候，我们可以认真优化细节。对于美而言，每个女人都有做不完的事情，每一个人都可以让自己变得更出众、更优雅，这种由内而外散发出来的美好感觉犹如杯中的香茶，越品越有味道，而对于自己内心的那份自信就是这茶中最美的佐料。

曾经在一本书上，读到了一篇关于世间最后一个名媛的文章，内文是这样写的：

她出身名门，接受了良好的教育，行为优雅，秉性温和，眉目俊秀，知书达理。她曾经拥有无数追求者，却从不轻浮，永远都知道自己想要什么。时光的洗礼，让曾经拥有的化为了乌有，让曾经清秀的脸庞，爬上了岁月的痕迹。富足成了曾经，贫困却没有压倒她清瘦的身躯，尽管如此，她每天依然会用梳子梳理好每一根发丝，依然会让自己穿得干干净净，依然会在屋子里种上心爱的兰花，平静的小屋里时不时会传来悠扬的舞曲。她有时会坐在屋外，抱着清茶，捧着书卷感受阳光的滋润，欣赏着树边鸟儿的欢歌，此生安住得一切美好，一切清新，一切安逸，一切幸福……

每每读到这里，心中就会勾勒出一幅恬静淡然的美丽图画，其实在我们每个人心里都有着一份柔美而富有韧性的名媛气质，精致而不做作，自信而不张扬，庄重而不轻浮，随和而不任性。也正是因为自己渴望帮助更多女人实现变漂亮的愿望。我将自己的企业起名为名媛，我将这份对美的追求，变现成了自己持之以恒去努力的事业，也希望这份事业能够帮助更多的女人找回最好的自己。

世间的一切美好都是在细节中呈现的，每一个细节都是一个点，把它们一个个穿起来就是充满无数幸福故事的曼妙人生，一个爱自己的人，一定会在生命的白纸上自信地写下对明天的期待，因为她知道，自己一定会越来越好，一定留给这个世间最动人的诗行。

秀出自己生命的传奇吧，完美的人生就在不远处向你招手。

▶ 妆容：

秀美妆容，一见清新才能一见倾心

清晨起来，拉开窗帘，让柔美的阳光伴着新鲜的空气照进窗子，外面的世界一片鸟语花香，让经历了一夜修正的身心充满欢唱，画上美丽的妆容，让智慧与能量在喜悦的心情下不断升华，眼睛开始明亮，内心满是憧憬，希望一切美好的都能如约而至，秀出最有魅力的自己，一见清新方能一见倾心。

（1）不一样的你，是世间最靓的风景

有些时候觉得这个世界真的很奇妙，上帝就像一个童心未泯的孩子，它独自在世间玩乐，扮演着各种各样的角色，而他所造就的人，也同样领受了他恩赐的福祉，开始在有限的生命中不断地蜕变，他们古灵精怪，他们百变成钢，他们渴望活出独一无二的自己，他们把自己看成了这个世间一条最靓的风景线。

不可否认，每个人来到这个世界上都是领受了天命的，他们努力地尝试各种变化，寻找着适合自己的位置，同时也渴望拥有精彩的人生。他们不希望自己的生命是一成不变死气沉沉的，他们总希望能够玩出一些新的花样。而其中表现最为突出的就是女人。

女人是感性的，她们渴望让自己的样子更美好，但又不愿意将自己限制在一个套路上，所以我们会发现，在女人的衣橱里永远都少一件衣服，在爱美女人的世界里，最一成不变的事情就是永远都在改变。她们努力颠覆自己的造型，不断地在美丽中寻求突破，同时也因为这份追求点亮了自己的美好人生。

在我看来一个女人一成不变是很可怕的，一个不在意自己的女人，又有谁会在意你的感受。一个衣着随意的女孩儿，站在一个妆容精致的女生身边是没有任何可比性的。想活出属于自己的个性，首先要做的就是让自己在百变的过程中找到属于自己的最佳角度，只有这样才更容易找到自己的位置，才更容易赢得别人的尊重、重视和认可。

我有一个朋友小丘，刚见到她的时候，感觉她是一个很不注意着装的女孩子，开花店的她每天身上穿的就是一身迷彩，即便是偶尔换个风格，也不过是一条肥腿裤外加一件普普通通的体恤衫。于是我问她年纪轻轻为什么不多对自己的形象做些投入，哪怕买上两件漂亮衣服也是好的。而她每次都是腼腆地笑笑，挠挠后脑勺说："嗨，我这工作实在是太忙了，每天不到四五点钟就出门去花卉批发市场，时间总是紧紧张张的，哪有时间打扮啊！更何况搞完批发回来，身上都是土，那漂亮衣服弄脏了多可惜啊！"听了这话，我摇摇头说："你还是没有尝过美丽起来的感觉，我敢保证只要一个女人真正漂亮过，她就再也不会放下让自己变美的权利，让我来帮你过把明星瘾吧。"

2015年，名媛迎来了一年一度的明星峰会，我特地邀请了小丘，并为她订购了一套精美的礼服，让当天最专业的明星化妆师为她造型。当妆容精致的小丘，穿着绚丽的礼服走上华美的红地毯，她俨然被自己的美丽吓到了。此时的她，热泪盈眶，与我紧紧相拥，感激地对我说："谢谢你，爱丽姐，如果不是你，我永远不知道自己还可以这么漂亮。"

从那以后，小丘的生活彻底改变了，她成为一个爱美的女人，生意也做得风风火火，如今她已经是两个孩子的妈妈，却依旧火辣身材，青春容貌，她不断地尝试各种风格的自我搭配，就连生意的伙伴和她店里的员工都说她是女神范儿十足。她每次见到我都会说："爱丽姐，我现在活得真的很有成就感，美丽不但改变了我的外表，还帮助我维系好了自己的家庭幸福，这种幸福感我真不知该怎么形容了。"我听了笑笑说："现在知道了吧！漂亮的女人天生自带光环，它能让你活得更自信，也能为你打造更精彩的人生。"

女人追求百变没有错，怕的就是永远在那里死气沉沉的一成不变。这个世界需要女人们用感性去提亮新鲜感，假如世间失去了女人这道风景线，整个世界都会跟着黯然失色。上帝创造女人的目的就是要让她如花一般绽放，抓住自身爱美的天性，将自己打理成最满意的样子。所以，努力去提升自己的个人韵味吧，相信不一样的你，是世间最靓的风景。

（2）你不爱美，他怎么爱你

记得曾经一个朋友说过："女人不但要长得漂亮，还要活得漂亮，一个不舍得给自己投资的女人，是最愚蠢的，因为她永远找不到幸福的真谛。"每当想到她说的话，内心就会深有同感。作为一个女人，结婚前漂不漂亮在于父母，而结婚后漂不漂亮可就完全取决于自己了。中国的女人任劳任怨，觉得一切都应该以家庭为先，孩子是自己生命的延续，丈夫是自己一生的依靠，所以自己应该把更多的精力投身于家庭，这本没什么错，但这并不意味着我们要丧失自我。

如果可以，就让我们回想那段恋爱的时光吧，都说恋爱中的女人是最美的，这时的她们皮肤白皙，热衷于妆容，也就更容易赢得男朋友的爱。然而结婚以后，女孩儿就变成了女人，更可悲的是变成了对自己不再投入的女人，她们每天操劳，舍不得为自己买一件衣裳，也舍不得为自己买上一只高级口红，着装变得越来越随意，面容也在忙碌中变得越来越憔悴，尽管自己像老黄牛一样尽心尽力，最终还是有人维系不好自己最珍惜的家庭关系。丈夫因为她青春不再而感情淡漠，孩子因为觉得妈妈只知道围着灶台团团转而渐渐与之疏远，这让很多女性陷入了深深的苦恼和困惑，不知道自己究竟错在了哪里。

我有一个顾客樱子，她是一个自闭症孩子的妈妈，为了专心照顾孩子，她放弃了工作，放弃了自己所有的追求和梦想，在陪伴孩子十三年的过程中，自己省吃俭用，素面朝天，曾经美丽的花容月貌，在岁月的洗礼下开始苍老。而在三年前，那个曾经信誓旦旦地说，不管出现什么事，都不会离开她和孩子的丈夫向她提出了离婚。虽然离开时，对方给了一笔孩子的抚养金，但她知道这点钱根本无法支撑孩子的未来。

于是樱子开始拼命地找工作赚钱，从专职家庭主妇到顺利地适应工作，工资从三千多到六千多，再到自己学着做生意，人开始变得更加独立、坚强。本以为自己一路打拼过来，有了经济实力，可以再向前迈一步，找一个可以牵手一生的伴侣，但一件事让她彻底颠覆了自己以前的想法。

一次樱子的闺蜜给樱子介绍了一个男朋友，对方潇洒稳重，仪表堂堂，樱子本来觉得和这位男士交流得很好，可没想到事后却没有进一步的发展，问及原因，对方的回馈是："我觉得这位女同志看起来很沉闷，不够阳光，一脸的苦相，而且这么重要的约会场合，一个女人竟然素面朝天的就来了，显然不是一个有生活情趣的人。和这样的人在一起过日子，再美好的幸福规划，也会变得苦兮兮的。"

听了对方的反馈，樱子一下被震动了，她找来镜子认真端详自己，看到的是一张憔悴而清瘦的脸，回想当年，樱子可是学校里公认的校花女神，而现在自己不知道怎么变成这个样子。本以为自己努力做好事业就能拥有爱情的她，开始意识到，拥有俊俏的颜值对于一个女人来说有多重要。

于是樱子来到名媛找到了我，在听完她的故事以后，我认真地为她做了系统的规划和形象设计，并不断地鼓励她一定要对自己有信心。就这样，樱子脸上的皱纹和凹陷被我们用技术处理掉了，黑眼圈和深深的眼袋也被彻底消除了，整个皮肤变得细腻光洁，宛如年轻了十多岁。之后我又为樱子精心挑选了三位非常有经验的形象造型师，为樱子量身打造适合自己的造型，而当她重新再站在镜子面前的时候，状态已经和先前判若两人，用她惊喜的话说："那简直是一场脱胎换骨的蜕变。"

　　从此焕然一新的樱子成为朋友圈中的时尚达人，整个人变得美丽而有朝气，在一次去接孩子的时候，她与前夫不期而遇，对方看到樱子有了如此大的变化，内心再次对她萌生爱慕，他含蓄地对樱子说："樱子，你现在越来越漂亮了，比以前我刚认识你的时候还好看。"而此时的樱子宛然一笑，内心变得更加平和淡定，她终于活出了自己满意的样子，也越来越清楚什么是自己真正想要的了。

　　常言说得好："女人如花"。而花的一生都是绽放的，假如自己放下了美丽绽放的权利，必然会在人生的旅程中错过很多风景，失去本应属于自己的幸福感。爱美的女人是最知道生命价值的，因为他们从未对自己迷茫，知道自己下一步路应该踏向何方。她们像爱自己一样热爱生活，生活也必然会给予她们幸福的回馈。美是一种力量，美是一种自信，所以不管什么时候，女人都绝对不能错失了爱美的权利，我们要永恒的和最美好的自己在一起，微笑着面对挑战，憧憬着并不遥远的未来。

▶ 言谈：

秀口言开，人漂亮言辞更漂亮

　　人不单妆容要漂亮，谈吐也一定要漂亮，这个世界上能够把事做漂亮是本事，能把话说得漂亮是艺术。这本应是每一个优秀女子应该具备的能力。玉口一开，不到三句方知谈吐不俗，随着交流的深入，越说越是妙语连珠，让人越听越是不愿打断，这将是怎样完美的交流境界？美是女人一生不懈的追求，而语言的美感是女人生命中不能缺少的一部分。做最漂亮女人，说最漂亮的话。交流刚刚开始，你就能够赢得对方八成的好感了。

（1）悦色沟通，先帮对方找回自己

　　曾经有个女孩儿羞涩地跟我说："爱丽姐，我不知道为什么特别害怕与别人交流，尤其是跟气场强大的人交流，感觉心里很有压力，还没说两句话脸已经红了，我知道这不是什么好习惯，但到了关键时刻就是控制不住自己。"我听了以后，鼓励她说："那也要多接触人啊，你知道吗？其实世间的大多数人都是很善意的，越是气场强大的人，为人越是谦和，跟他们一起交流，你一定不会觉得沉闷，也不会觉得太累，相反他们会维系好完美的交流氛围，消解你的紧张，让你分分秒秒都能受益，整个过程都无比快乐欢喜。"

15

记得有个朋友说过这样的话："沟通是一件很玄妙的事，两个人在一起最重要的是一种磁场的互动，有些人见一面就不想再见了，有些人你却能跟他做到久处不累，越是交流越是开心，越是交流越是有新的收获。所以沟通这件事，一定得找对人。和会说话的人聊天，你甚至可以忘记时间的存在。"由此可见，在这个交流至上的社会，善于沟通的人是多么占优势啊。

在我看来，沟通是一种灵魂与灵魂之间的交流，而感性的女人是最富有这方面的潜质的，她们可以通过自己的敏锐洞察力，快速找到彼此最感兴趣的话题，她们可以在几句话间完成从介绍自己到拉近关系的全部过程，她们甚至可以在经历简单的交流后明白对方想达成的共识，知道他们需要得到怎样的帮助。假如这个时候再配上他们天性的率真，言辞的优雅和难得的幽默感，那整个交流的主动权必然是可以牢牢把握的。

梁静是一个非常善于沟通的人，在她的身边总是围绕着各种各样的朋友，她们都说和梁静在一起你绝对不会觉得枯燥，因为与她交流绝对是一种享受。

一次我们一起喝茶，好奇的我忍不住要想她请教沟通的秘籍，她听了以后笑笑说："爱丽，你太见笑了，哪有什么秘籍？如果要说真的有什么经验，那无非是努力地在沟通中让对方快乐地找回自己。"

"找回自己？此话怎讲呢？"我继续问道。

"很多人沟通的时候都只注重自己的倾诉，而没有意识到对方真正的需要，这样的交流想一直维系下去是很难的，因为你始终都在强制性的让别人接受你，始终都在驱使着别人在自己的轨道上行走，这样的沟通会让对方觉得很累，几次下来自己插不上话，也找不到存在感，自然也就不愿意再继续交流下去了。而我的沟通方式是，永远把自己放在倾听者的位置，把发言权转给对方，并对他们所说的一切报以饶有兴趣的回馈，这让对方觉得自己是被尊重的，自己是有存在感的，此时在我的面前，他们可以轻松的表达自己的看法，不再是个沉默的人，自然内心就会充满喜悦。而在整个过程中我再去找大家都感兴趣的焦点话题也就容易多了。"

"那么还有吗？我继续问道。"

"还有……还有就是不断地发现对方身上的闪光点，并将这个闪光点作为自己的惊喜，用最幽默欢快的方式传递给对方，让对方意识到，原来自己身上还有这么多别人没有看到的优秀特质，而这些优秀特质却被你发现了。这样一来对方一定会更珍惜与你的这段缘分，把你当成自己生命中的知己，因为他会首先意识到，不管前期的交往如何，你必将成为最了解他的人。"

"哇！好棒，你好聪明啊！"我一边鼓掌一边对梁静的智慧大为赞叹。

"别急，除此之外还有一个最重要的沟通技巧呢！"梁静说："交朋友，最重要的是同频，沟通也更是如此，想与对方更愉快地交流，你必须保持好和他同步合拍的节奏。你们之间至少要找到两到三个共同感兴趣的话题，同时也要让彼此更适应相互之间的交流习惯，这样两个人之间才更容易擦出火花，在有趣的事情上产生共鸣，沟通也就变得越来越有趣，有趣到了说不动还想说的时候，对方就真的已经全然地接受你了。"

是啊！其实交流就是这么简单，真诚地走进对方的心，带着与之同频的微笑去不断地发现彼此身上值得珍视的东西。这一切每个人都可以做到，但太多人却盲目的忽略了这一点。沟通是彼此交流思想的过程，她可以让我们在灵魂的碰撞中擦出友谊的火花，让我们在彼此之间寻找到更多的喜悦、收获和成就感。

如果沟通真的扮演的是桥梁的角色，那我们就让这座桥更加坚实，更富有创造力。其实你也可以成为那个在人前谈笑风生，赢得别人欢喜和信赖的人，你可以让身边的每一个人都精神放松，和你相处在一起永远都不会觉得乏累。你可以走进他们的内心，同时也向他们敞开心扉。你们可以彼此一边微笑一边畅快地做自己，因为已经深深知道彼此想要的是什么。

所以，为了能够拥有更美好的缘分，从现在开始对自己做出改变吧，成为众多好友眼中的知音，让别人快乐，也让自己欢喜。相信自己，你也能成为别人眼中那个最善于沟通的绝色佳人。

（2）心锁再多，钥匙也只有三把

那天回家，看见可爱的女儿正捧着一本童话故事，看我回来就立刻亲昵的凑过来问："妈妈！如果你手里有一盏阿拉丁神灯，你希望实现哪三个愿望？"我想了想说："愿望真的好多啊！三个根本不够用。""哼！要是我的话一个愿望就够了。"女儿得意地说。"那你的愿望是什么呢？"我一边摸着她的头，一边关切地问。"我要告诉神灯，让我永恒的心想事成。这样一来不就可以满足我无穷无尽的愿望了吗？"对呀，此时的我终于恍然大悟，原来自己竟然被这么简单的脑筋急转弯困住了。

其实，每个人的心里都有一盏神灯，大多数人把他放在了生命中最隐秘的地方，紧紧地封闭着心灵的大门。他们敏感而充满防范意识，不愿意轻易地相信别人，也不愿意让任何人了解自己。时间长了，世界在他们的眼前开始变得暗淡下来，他们独自在黑夜中品味着寂寞，内心憧憬着一个懂得自己的人，却仍旧放不下手里的那份拘谨，这似乎成了人群中的一种通病，大家既渴望被理解，又真的害怕被看穿。

那怎样才能消除人与人之间的隔阂与猜忌，让我们彼此敞开心扉，拥有更为广阔的交流空间呢？其实在我看来，上帝真的恩赐给每个人彼此珍重交流的福祉，他早已把三把钥匙放在了我们的手里，每一把都有着"芝麻开门"般咒语的神奇魔力。只要我们能牢牢地把握它，与它长时间保持灵性的合一，就能轻松地打开彼此紧闭的心门，在分享的快乐中挖掘到最珍贵的情感宝藏。

那么这三把钥匙究竟是什么呢？

第一把：理解——让对方感受到卸去伪装的快乐

曾经有一个朋友说："爱丽，我特别喜欢和你聊天，感觉跟你在一起聊天特别有安全感，我可以没有顾忌地与你交流，卸下种种的防范和伪装。整个人顿时变得轻松了很多，感觉那一刻自己才真正找回了自己。"

人与人之所以产生交往，主要原因在于灵魂的共鸣，我们本应拿出一颗真诚的心，真切地理解彼此，让对方在与自己的相处中活出自己最真实的感觉。

这个世间有很多阿谀奉承的人，尽管我们可以同样对其报以回敬的热情，但也非常清楚，一切不过是逢场作戏，但如果我们可以不那么做作，努力地去包容、理解，用心地去经营一段珍视的友谊，那你必将会成为对方眼中绝不可少的知己。

真正的朋友，应该是那个除了自己以外最懂你的人，你会把他深深地放在心里，而不仅仅是在朋友圈为他点个赞那么简单。

第二把：交流——在互动中珍惜彼此的感受

有人的地方就有江湖，有江湖的地方就有沟通，人与人之间是不能没有交流的，把自己的感受告诉对方，他才能深切地知道你真正需要的是什么。

不可否认，这个世界真的太需要交流，很多人渴望找到一个倾吐的对象，却在手机上转了一个圈儿以后找不到一个合适的人。假如这个时候，有谁能温馨地为他竖起耳朵，他一定会感激不尽。

朋友之间需要交流，夫妻之间需要共鸣，领导与下属之间需要信息传递，这一切都是非常必要的交流。用对方能接受的语言，真切地表达自己的心声，让对方觉得自己很重要，这是一种沟通的智慧。用心地去倾听，真诚地去包容，愿意付出行动帮助对方解决问题，这是一种对朋友最友善的态度。

人是能在彼此的沟通中不断长进，不断成长的，不管交流的是什么，产生共鸣很关键，假如可以越聊越投机，越聊越快乐，势必会忘记很多的烦恼，心门也会在这样轻松愉悦的状态下，一点点地打开，随着沟通距离的缩短，你会越来越感受到对方内心真实能量的流动。

第三：舍得——放下利益观，会让彼此更舒服

如今的人，活得越来越现实，越是看到对自己殷勤备至的人，越是会在心里多给自己打几个问号。"他为什么对我这么好？""他想从我这里得到什么？""当得到了他想得到的东西，他还会像现在这么对待我吗？"这么梳理下来，很多人就开始陷入冷漠与矛盾中。

什么事情一牵涉到利益，事情就会变得复杂起来，但是假如我们可以将这一切放下，秉持着单纯的结交意愿去与对方保持沟通，那结果可能就会有出乎意料的效果。当一个人不再受到利益的牵绊，不再有诸如此类复杂的恐惧，其本质的良善就会显露出来，也更愿意表露自己的内心，让对方真切地听到来自他们内心的声音。

信任是需要在交往中一点点培养的，想走进别人的心，首先就要舍得让别人进入自己的世界，否则两颗心永远是两个世界，而两个世界的人又怎能保持良好的交流频率，轻装前行，毫无遮掩呢？

针对上面的三把钥匙，我的建议是，第一把多用，第二把常用，第三把在看清真相以后好好用。因为人海茫茫，稍微一个转身，彼此就会错过，淹没于人海，再也找不到了。想要让彼此的距离拉近，交往沟通越来越圆满，先要让自己智慧起来，真诚地去理解，用心地去沟通，用一颗坦诚的心去面对自己，用最真切的爱与关心去感动身边的每一个人。

▶ 状态：
调整好状态，自己舒服别人也舒服

曾经听到过这样一句话："真正决定人生成败的是你的状态。"一个能够长时间保持良好状态的人，往往在出现的第一秒就已经成为众人眼中的焦点，他们谦和、阳光、自信而不失自我。他们总是能够恰到好处地把握交往的分寸感，让别人很自在，也让自己很舒服。这是一门人生哲学，是每一个渴望精致者必修的功课。人生最重要的事就是及时做好自身调整，它会帮你找到自己，也会让你收获更多。

（1）不是任何人的玫瑰，你就是你自己

时代在不断地向前前进，很多人为了迎合时代的需求，不断地改变着自己的频率，以为只要和这个社会保持一致的步调，就能够得到最有效的发展，而事实上事情真的是这样吗？古时候有句话说得好："楚王好细腰，宫中多饿死"。随着时间的推移，时尚在变，观念在变，潮流在变，一切都在变，假如你一味地去讨好、去顺从，盲目地依靠自己的改变取悦别人，取悦社会，那活得就实在太累了。

人生不过是从生到死之间的距离，这段有限的光阴本就应该由我们自己做主，

我们生来是为了成就自己，而不是取悦别人。因此生命最快乐的活法就是听凭自己内心的召唤，努力去做自己想做的事，让自己长时间处在无尽的喜悦和快乐之中。作为一个女人，盲目地去迎合他人会折损掉自己本有的价值，假如真的想活出属于自己的那份精彩，就一定要有自己的主心骨，知道自己想要什么，往往比盲目地顺从别人来得更实惠、更直接、更有意义。我们没有必要活成别人心中的样子，我们要做的只是我们自己。

在一次企业父母峰会上，我穿了一件粉色的简洁礼服，没想到从舞台上演讲下来，自己身穿的这件衣服，竟然引起了一个小范围的评论轰动，有不下十个人走过来对我说："爱丽姐你今天真漂亮。"正当我心情爽朗的时候，又碰上了这么两三位摇摇头对我说："为什么一定要选这身啊，不适合你哎。"面对这样正反都有的评价，究竟自己应该听信谁的呢？这个世界上总有一些人会不自觉地企图操控你的选择，告诉你应该这样，不要那样，但仔细想来，自己的人生本就是要由自己做主的，为什么一定要顺应别人呢？假如每个人的观点你都要听，总是将重心放在别人身上，而没有切身地去倾听自己的需要，那结果很可能是什么也做不好，什么也做不成，但是如果你能顺着自己的意愿，一步步地去尝试，坚定不移地走下去，说不定很快就能找到一片柳暗花明的新天地。

我有一个朋友，是一个极富魅力与才华的艺术家，她穿衣的风格与她做事风格一样，潇洒、随性、飘逸，对于她的这种风格做派，有很多人点赞，也有很多人摇头。而她永远是满不在乎的一副爱谁谁的样子。有一次我问她："你是怎样看待别人的评价呢？"她听了笑笑，眼中满满的全是坚定："在我看来每个人起初都是一部原版的经典电影，可活着活着就变了味道，成为别人故事的翻版，这是多么可悲的事儿。我们来到这个世界是为了体会自己，跟别人没有半毛钱关系，我们本可以在自己的世界里活得很舒服，为什么要削尖了脑袋成为别人手中的玫瑰？世间任何一朵花都应该是为了自己而绽放的，我们没必要一味地迎合别人，因为我们就是我们自己。"

一个人想做自己有多难？简单能简单到近在咫尺，难能难到海角天涯。假如你放不下内心的那份别人对你的评价，问题就会变得有点难。你需要一个很大的空间去进行自我冒险，不管是成功，还是失败，你都需要在这一系列的考验中学会释放自己，活出自己想要的样子而不是别人的样子。这个世界上很多东西都是可以学来的，或者买来的，唯独内心强大只能靠长期的修炼得来。假如这个时候的你没有认可自己的价值，还一味地觉得只有抓着一些外物才能让自己感觉安全，那么这种安全感的背后，失去的一定是最珍贵的自己。

人们常常把女人比作玫瑰，可玫瑰虽美也难以做到让所有人满意，与其如此，不如放下华而不实的神坛，让自己在自由中绽放，在潇洒中成就。对于一个女人而言，所谓的迷失自我，并不意味不知道自己内心想要什么，而是总将希望寄托在别人身上。假如当下的你意识到了这个弊端，就从今天开始给自己的生命注入新的活力吧！用爱填满生命，迈着开步子轻快的做自己。没错，你不是任何人的玫瑰，你就是你自己。

（2）嘘！别动不动就乱了"分寸"

记得那时候年轻，到一家顶级的美容院学习打工，当时的女老板很精明，嘴上总是挂着一句口头禅："人生在世不能对不起自己的良心，外表可以是圆滑的，但是内心一定是方正的。"人与人之间的关系也是如此，有了交流就很想接近，接近以后却又下意识地保持距离。人与人之间的关系，太近容易闹矛盾，太远容易产生疏离，唯有保持好那份刚刚好的"分寸感"，才是人生最智慧的交际状态。

曾经遇见过一个人缘非常好的老先生，成熟稳重的他深受朋友的爱戴和信任，和他呆在一起你会觉得内心很安定，整个人都在他喜乐安定的气场中收获着无尽的力量。于是我问他："您是怎样经营自己的社交圈的？为什么身边会有这么多精英挚友？说真的，我好您羡慕啊。"

他听了笑笑说："方法很简单，那就是把握好与人交往的分寸感，别人不提起的事儿，自己也不要提，要保护好他内心最脆弱的部分。别人想提的事儿，你去用心地听，不过多地评判，却可以在经历一番思考以后充实自我。自己有难处，能不麻烦别人就不麻烦别人，真到没有办法一定要寻求帮助，也要记得还人情。而当别人有了难处时，帮忙也要有选择地帮，做别人雪中送炭的及时雨，要比给别人帮了倒忙更值得人感激。与人交往，话不必说得那么透彻，只说半分就好，语言要讲求艺术，让别人容易接受，他把话听进去了，自然自己会回去思考，你又何必去干涉对方的选择？对于家长里短的事情，能不过问就不过问，那是别人的私事儿，局外人怎能随便插手？聊天要掌握对方的性格，顺着对方的脾气，但这并不意味着自己没有底线，用心地维系好交流中的融洽关系，也含蓄地提出自己的需要和想法，这样对方不但觉得自己受到尊重，还更愿意坐下来与你平心静气地探讨问题。不管遇到的事儿是好事儿还是坏事儿，都记得开门不打笑脸人，微笑是摆脱尴尬最简单的方法，当你面带微笑地对待别人的时候，别人自然也会微笑地回应你。总之，什么事情做到恰到好处才是最好，刚刚好对方能接受，刚刚好自己表达了该表达的内容，刚刚好对方明白了，你也就刚刚好地达到了目的。人这辈子，太刚烈活得会很累，过于柔弱会被人欺凌，外圆内方是最好的处世方式，让对方明白你是一个讲道理的人，让他感受到你的内在修养，他自然不会粗暴地对待你，而会对你越来越谦恭，因为他知道当他谦恭地对待你的时候，自己也就成为一个有品位有涵养的人。"

事过多年，每当我回想起老先生的话，内心就会感慨良多，在这个复杂的社会，很多人都会觉得朋友有时会比亲戚更亲密，也更有能力帮助到自己。可一旦自己掌握不好彼此之间的距离，再美好的友谊也可能会面临塌方，再想去维系修缮，也是无法复原成以前的样子。

芳芳和兰兰是一对非常亲密的骨灰级闺蜜，最苦难的时候她们同住在一个公租房里，一起吃着唯一剩下的一碗泡面，天气冷得要命，两个姑娘就彼此相拥，在单薄的被子下取暖。本来觉得这样美好的友谊会持久下去，可没想到两人却在经历了一件事后关系陷入紧张，以至于最终破裂到难以挽回的地步。

那年秋天芳芳认识了自己的初恋刘京，两个人顺利地坠入了爱河，芳芳每天都会跟兰兰谈论到刘京，而兰兰也会细心地询问芳芳与男友交往的每一个细节，将自己顺理成章地摆在了情感军师的位置。但时间一长，芳芳便越来越觉得浑身不自在，她觉得兰兰实在是越来越独断专行了，总是想控制自己的感情，不断地要求她要这么做、那么做，而且还时不时地对自己的男友进行一番嘲弄，说刘京为人不靠谱，要她还不如干脆分手。

最终芳芳实在难以忍受，便和这个相处十几年的闺蜜大吵一架，随后收拾行李箱，永远地离开了她们共同的家，再也没有回来。看着昔日的闺蜜彼此仇视成这个样子，兰兰既生气又伤心，她跑来找到我，向我不断倾诉自己内心的苦楚："我是真心对她好的，怕她被骗，怕她吃亏，结果她可倒好，抛开我跟男朋友去住了，这么多年的感情，在她眼里还不如一个男人重要。"我听了以后摇摇头说："亲爱的，说实话你管得太多了，作为朋友越是亲密，就越要保持好距离，否则对方一定会有被侵犯感，而这种感觉是很容易引起别人的抵触情绪的。每个人都应该为自己做选择，你为什么一定要站在别人身边左右她呢？"

人们常说："距离产生美。"这话一点不错，保持良好的距离分寸，往往可以让自己在交往中，妥善地保留余地，也更容易赢得别人的好感和认同。刚刚好的距离，刚刚好的温度，再配上外圆内方的坚强自信，一个人的最佳状态才能真正得到显现。所以，给自己几分钟反观自己，现在的你真能保持好那份刚刚好的分寸感吗？

第二章

心美——
心若美如幽兰，身边的风都带香气

拉斯金说："除真挚的心灵外，别无高贵的仪容。"美丽是可以创造的，在任何条件下都可以，只要有一颗宽敞的心，一颗美丽的心，一颗积极乐观的心，便可以无时无刻创造美丽。美，于拈花一笑间在心灵上盛开。美在觉悟的刹那间与天地共鸣。正所谓："美于一念，丑亦然。"心若美如幽兰，身边的风都带着醉人的香气。

▶ 梦想:
梦想和梦,真的很不一样

梦想是人生命的主旨,只要不断地寻求,必然能够盼到它开花结果的那一天,可现如今很多人面对梦想都是茫然的,在时间的磨砺下,他们渐渐开始对曾经的向往绝口不提,开始在潜意识中暗示自己一切都不过是个梦。可梦和梦想是有区别的,尽管我们内心包含着同样的渴望,可有人选择了一定要得到,有人却将一切抛到了九霄云外,结果显而易见,坚持不懈的人才更有资格赢得最后的成功。

(1)经济独立,才能活得有底气

因为工作的原因,我接触最多的是女性,很多朋友见了我就会问:"爱丽,你觉得女人这辈子最重要的是什么?"老实说,几十年的人生阅历告诉我,女人要想赢得自己的幸福,成为自己生命的主人,首先手里不能没有的就是经济基础,所谓经济基础决定上层建筑,你自己没有成就事业的勇气,自然也就没有经济实力的底气。一个没有底气的女人,一个只能朝着老公手心向上的女人,时间长了,必然是尊严不保的。当一个女人将自己的经济和未来寄托于别人,一味地依靠于别人,那唯一的结局就是如断翅的鸟儿一样,别无选择地丧失自我。这就是现实,

28

再多的哀怨控诉都是无济于事的，因为这是你自己做出的选择，你无条件地放弃本应属于自己的自主权，不幸福又能怪得了谁呢？

在我看来，一个女人只有实现经济独立的时候，才能实现思想独立，而当思想独立之后，你才能升华到人格独立，创造独立，你才能够真正实现内心的尊严感，你才能真正拿出百分之百的勇气做自己，这种有底气的生活状态，会让一个女人生活的更有成就感，为对于自己的爱人，也可以做到只有依恋没有依赖，这样的婚姻关系才更容易实现平等，呈现和谐。

我有一个顾客阿芳，老公是世界五百强企业的高层，为了支持丈夫事业，受过良好教育的她放弃了高薪的工作，成为一名全职太太，起初丈夫对她的牺牲感恩倍至，每天下班就会准时回家，与她一起做饭享用晚餐，那时候她觉得自己的付出很值得，心里也很幸福。

可是时间久了，问题就一点点地全都蹦了出来，她发现自己与丈夫的交流话题少了，而对于自己的倾诉丈夫也表现得越来越不耐烦。再过一段时间，对方开始动不动就发一条短信说要加班，然后很晚才回家。这让阿芳有一种不祥的预感，不知道他们的婚姻关系会不会出现了问题。

于是阿芳想找机会和丈夫好好谈一谈，可是丈夫没听几句就不耐烦地说："好啦，女人真麻烦，你想得太多了，我就是因为现在业务比较忙，所以老要加班，每个月的生活费都会打给你，每次都够到商场买好几个包了，你还担心什么？抱着这么舒服的日子，还要跟我这里闹来闹去的。"阿芳听了这话，生气地说："你以为我愿意这样吗？要不是为了这个家，我现在说不定职位并不逊色于你，你以为我喜欢每天洗菜做饭打扫卫生的日子吗？你知道我每天活得有多辛苦吗？你现在单单凭一笔生活费就想敷衍我，把我的尊严放在那么低的位置，我的梦想你还得起吗？你觉得你现在得到的一切，都仅仅是出于你个人的努力吗？"听了这话，丈夫眉毛皱得更紧了，他拿起衣服，说："这家真的快呆不下去了，你爱怎么想就怎么想，能过就过，不能过离婚。"说完便甩门而去，一晚上都没回家。

那一晚阿芳一夜未眠，她想了很多事，总结自己的问题在哪里？是容颜衰老了？还是能力不如当年？她觉得自己活得很没底气。假如有一天老公真的离她而去，她能独自支撑好自己的生活吗？那个曾经行动果敢、思维敏捷的自己到哪里去了？曾经的女人魅力是否还在？自己放弃了这么多，究竟手里还有什么？假如有一天自己放下了一切仍然守不住这个家，那么自己所做的一切还有什么意义？但她知道不管怎样自己都要有所改变！坐以待毙肯定是不行的。

于是阿芳来到名媛与我相识，听了她的故事，我认真地说："我想这些年您一定过得很辛苦，如果是对自身的形象不自信，那么我们这里绝对能够百分百帮您解决问题，但是除此之外我觉得您找回自己更好的方式是恢复经济的独立，重新回归自己的梦想。一个女人支持丈夫工作未必只有在家当全职太太这一条路，她可以作为丈夫事业的助力和他平等地站在一起，这样两个人才会有更默契的合作和交流。其实对家庭琐事来说，如果您恢复工作的话，一个小时工就能轻松搞定一切，为什么要在这些无谓的事情上投入那么大的精力呢？要我说，您现在的经营家庭模式应该改变了，女人什么时候都不能丧失了自己的经济能力，因为手心向上会让男人产生优越感。但如果自己手里有钱，也能赚钱，那两个人的关系就越来越平等了。更何况您又不是没有这份能力，为什么要等着他说出那句狠话：'你花的钱是我的。'"听了我的话，阿芳真切地点点头。

如今的阿芳已经是一家创业公司的高层，薪资不输老公，人也变得漂亮而有魅力了，令她出乎意料的是，自己和老公之间的关系也变得和谐了。老公不但每天准时回家，而且时不时地还会搞些小浪漫，两个人交流也变得越来越频繁。看到自己人生的完美改变，阿芳内心有说不出的欣喜，她成为名媛的忠实客户，每次见到我，都会给我一个暖暖的拥抱说："崔院长，谢谢你，谢谢你帮我找回了梦想。"

一个女人想赢得幸福，首先不能放弃的就是经济独立，因为活在别人影子里的状态并不舒服，没底气的人生会让自己觉得没有尊严。因此，不管家庭富裕与否，女人至少要有自己的工作，要有一份属于自己的经济来源。我们要让老公知道，自己一个人也照样可以养活好自己，和他在一起更多的企图在于爱，而并不在于经济。这样一来，不但自己活得有底气，还更容易赢得老公更多的关心。

人生最重要的在于自己的选择，你选择了什么样的方式，也就选择了什么样的结果，愿每一个女人都能活出自己最满意的样子。做有底气的女人，将幸福的生活坚持到底。

（2）创造不了价值，人会活得很辛苦

假如一个人能在这个世界上创造价值，即便工作再辛苦，内心也是快乐而充实的。相反，假如有一天上天剥夺了你创造价值的能力，即便是给你再舒适优越的生活环境，时间长了，想必也不会感觉幸福。

正如著名心理学家威廉·詹姆斯所说："如果可行，给一个人最残忍的惩罚莫过如此：给他自由，让他在社会上逍游，却又视之如无物，完全不给他丝毫的关注，当他出现时，人们甚至都不愿稍稍侧身示意，当他讲话时无人回应，也无人在意他的任何举止。"由此可见，当一个人感觉不到自己生存的价值，那他的整个人生就会变得很辛苦，他找不到自己人生的意义，也不知道自己活着是为了什么。

曾经有一位顾客，家中相当的富有，老公给她足够的财富，每天聘请专人照顾，但就是不允许她出去工作。刚开始她觉得这种每天无忧无虑的生活状态非常好，手里有花不完的钱，可以买到自己想要的任何东西，人生实在是太惬意了。可时间一长，她就开始忧郁起来，感觉自己的人生除了花钱没有任何意义，一个不被谁需要的人，即便穿得再好，再富有，又有什么用呢？于是她开始要求上班，说哪怕是一份再卑微的工作，她也要走出去工作，否则一定会憋出病来。

一次她来名媛接受服务，听了她的抱怨，我故意打趣地问："像这么爱你的老公，哪去找啊！你知道在别人眼中你是多幸福吗？多少人得对你羡慕嫉妒恨啊！"

31

结果她不屑地说："爱丽，你知道对我来说，那种被人需要的渴望有多强烈吗？试想，假如这个世界真的不再需要你，想叠个被子都会有人跑过来不需要你动手，你在这个世界上找不到任何被认同的感觉，那是一种怎样的煎熬啊！"

我听了沉默良久，继续问："那您所认为的那种认同感究竟是什么样的呢？"她想了想回答："那种感觉，不是商店营业员心不在焉的赞叹说"哇，您穿这件衣服好美"。也不是同学聚会上别人感慨"你有这样爱你的老公真好"。而是一种心与心的感应，他会对你说'能帮个忙吗，我真的很需要你'，如果是这样，我想我一定会毫不犹豫的冲出去的。爱丽，混吃等死是很艰难的，每天你都会觉得时间长得惊人，再这样日复一日中，除了自我怀疑和自我否定，什么都没有。过于安逸，不被人需要，让我的人生很挣扎，可这份苦却是少有人能理解的。"

听了这位顾客的话，我将自己沉浸在长时间的思考中，我不断地问自己：人生真正的目的是什么？是为了获得安逸的生活？是为了实现真正意义上的自由？还是最大限度地让自己体会到自身的价值。很显然，最终的答案一定是第三个。

一个人之所以要有理想、要有目标，主要原因在于他要让自己有限的人生充满价值，在漫长的生命旅程中，不断寻找的是自己存在的意义。被人需要的感觉是可以带来快乐的，被认可和肯定的感觉是可以体会到幸福的。人只有被世界所需要才有归属感，他会让你觉得自己是这个大家园的一份子，自己的存在对别人是有意义的，自己的努力对于这个世界是有价值的。

所以一个人最幸福的状态一定是工作状态，他们会在工作中不断地寻找到属于最快乐的成就感，他们会努力地为别人服务，同时让自己找到灵性花园中的快乐。他们如一朵娇艳的花，需要不断吸收认同和赞许的养料，他们会在这样的滋养下倾情怒放，因为他们找到最美好的自己。

所以亲爱的朋友，千万不要轻视了工作的重要，不要再在那里愤世嫉俗地说："工作就是领着薪水被人利用。"因为它能给予你的还有很多很多。如果说得再客观点，被人利用也未必不是一件好事，只要它是良性的，说不定更能帮助你体现自身的价值，让你意识到原来自己身上还插着这样一双独特的翅膀。这总要比漫无目的的生活好得多，因为最辛苦的生活不是早出晚归，忙忙碌碌，而是你根本无法创造任何价值。

愿我们一生都是最有价值的那一个，秉持信念与理想，不断去创造，它就断然不会辜负你。

心态:
格局好不好，取决于你对它的态度

　　人的命运在于他面对人生的态度，以积极的心态过日子，人生就是一片春暖花开，以消极的心态去生活，阳光再温暖心里也是过不去的寒冬腊月。这个世界到底是什么样子与我们无关，却与我们想把它创造成什么样子有关。人生的格局，来自于我们面对它的心态，生命中最美丽的风景来源于我们内在对它的感知。只要心是阳光灿烂的，人是自信坚定的，这辈子一定差不到哪儿去。

（1）谁给了你一千个逃避的理由

　　人生在世总是喜忧参半，快乐虽然能给人带来幸福，但却很少能够给我们留下深刻的印象，相反越是往昔那些身处困境的时光，越是会在我们的心头荡漾。尽管那些伤痛，给我们带来的感觉并不好受，但当我们真正拿出勇气战胜它，把事情圆满的解决好的时候，它便成为我们人生中最精彩的部分。

　　在我看来，对于困境而言，纵使有一千种的逃避方法，它来了就是来了，它不会轻易从你的世界里离开，也不会给你降低一分痛苦的感受。当一个人被眼前的困难吓倒，也就无形中赋予了这件事更多的负能量，这些能量让我们的思维陷入困境，以至于越想越害怕，越想越无助，越想越不知道怎么办，但假如你能够勇敢地转过身，回馈给这虚幻的野兽一个强大的微笑，它的恐怖感就会瞬间化为乌有，因为勇气是世界上最神奇的力量，只要你选择正面应对，积极地对自己承担责任，灵感与智慧就会自然地显现，一步步指引你走出困境，度过重重难关。

2003 年正当我的美容院刚做得有些起色的时候，非典的白色恐怖降临到了这个城市，热闹的大街瞬间变得空空荡荡，店里的员工全部离开了，就连那时候的男朋友也不辞而别。整个店里，只剩下我一个人，心里不知道还要守候多久，也不知道这场灾难结束后，自己的美容院还能不能正常经营下去。假如不能经营下去，前期的投入怎么办？顾客怎么办？一连串的问题敲打着我的脑袋，让我一下子寝食难安。

店面关了 20 天后，我去店里值班，发现店面的门上贴了好几张顾客纸条，上面写着她们的名字，大家纷纷在打听什么时候能够做美容。揭下一张张纸条，我走进店里，看着空无一人的屋子，一个人沉思起来。眼下情况就是这样，如果答应顾客来做美容，那自己就有被感染非典的可能，如果不答应，时间一长大家肯定会担心，觉得这家店可能要骗钱关张走人，这么多熟悉的老客户肯定没法维护了。但现在自己手里没有一个兵，唯一能动的人只有我自己，我到底该怎么办呢？

思前想后，我决定独自面对，当天我将整个店面每一个角落全部消毒，点上香香的茶树精油，开始逐个电话预约顾客，一个一个地为她们服务。并耐心地宽慰她们，让她们放心，我在名媛在，假如真的担心非典控制不了，可以选择退费，以后情况得到控制了再来消费。

就这样还是有一些顾客来了，尽管外面惊恐感还未消散，店里的我与顾客却丝毫没有受到影响，大家一边接受服务，一边欢声笑语，一切都是那么的正常。那时候的我早晚还是会坐公交车上班，公交车俨然成了我一个人的专列，从窗外望去，外面的世界好像沉睡了，只有我一个人醒着，我静静地告诉自己，一切都会好的，不要逃避，坦然面对，没有解决不了的问题。

就这样，一个月，两个月，非典终于得到了控制。有些员工陆续回来了，她们看到店里虽然只有我一个人，但顾客数量依然没有减少，而且我还很健康，也没有因此感染任何疾病。比起其他家美容院生意惨淡的状态，名媛的生意竟然超出想象的好。而我也借机会对转让的美容院进行收购，成功地扩大了自己的规模。

一位德高望重的上师说："每一次困难出现，都是一次境界的显现。人来到这个世界，就是为了在逆境与顺境间自我参悟，最终明心见性，看破轮回。"明白了这个道理，心就坦然了。困难来了，问题肯定就来了，可来了又能怎样？无非就是要想办法解决它。在我看来人生最需要的不过就是一份对自己的坦诚，出现问题，能解决就积极去解决，不能解决就安然地接受。一切有什么好怕的，反正翻过来调过去，我们面对的不过是我们自己。逃避的害处在于我们在用这种方法对自己进行欺骗，敦促着自己去相信骗局中的幻境，以为这样就可以风平浪静，但再美的欺骗也是改变不了事实的。

有时候，困难就像一个哈哈镜，放远了看它，它就小，放近了看它，它就大。所以人要有智慧地看待问题，远看看的是结果，近看看的是症结。佛家常说，种什么因就有什么果，当一个人知道起因是什么，结果是什么的时候，做起事情来就不再迷惑了，因为他们已经知道自己应该怎么做，做了会得到什么，什么才是自己真正想达到的目标。

人活在世上没有一帆风顺的道理，既然每个人多少都要经历挫折，那就提早摆正好自己的心态吧！用积极乐观的方式去看待它，问题给你带来的不安和恐惧就会消散。当你不再受到这些负能量影响的时候，心自然就变得轻松明快起来，那不过就是生命中的考验，挺一下，坚持一下，一切都会过去。

愿你经历磨难而初心不改，如一粒顽强的种子，不论外面的世界对你意味着什么，也要坚定地破土而出，努力开出最美丽的花。

（2）别再为"低能心态"买单了

人生在世儿多风雨儿多愁，但这并不意味着我们就要因此放下对生活的勇气和期待。回忆往昔，一路并不平坦的我依旧对过去心怀感激，它教会了我坚强，给了我自信，同时也历练了我的阳光和坚定。这让我觉得人生就是由一连串的故事组成的，丢失了哪个部分都不完整，为了让自己的故事更精彩，我们必须努力让自己强大，让自己长久保持在高能状态之下，让生命的每一天过得饱满、丰富充实。

一个人现在的状态决定着它一生的远景，即便是遭遇不顺，也要相信一切都会过去。曾几何时，经历着一番人生困境的我，独自一人漫无目的在大街上走着，外面的阳光很暖，但我的心却很冷。此时夕阳西下我看到一对老人手挽着手安详地在街上散步，心一下子就被眼前的场景触动了。此时有个声音在对自己说："爱丽，看啊，天并没塌下来，每个人都活得很安详，你为什么要一味的这样失落下去？人生还有那么长的一段路要走，谁一路走来是一帆风顺的？重新恢复活力吧，想成功就别在负能量中纠缠，要有持之以恒的耐力，你一定要坚持，说不定下一秒，一切都能峰回路转呢？"想到这儿，我的心便不再迷茫，脸上露出了幸福的微笑。

我们的身心是天地间的能量载体，外界的一切事物都是与我们的灵魂心心相映的，当内心憧憬快乐美好的时候，幸福的正能量就会受到感召，一步步地吸引到我们身边，圆满我们的愿望。但假如我们内心呈现的是忧伤无助的低能状态，那负能量同样也会被感召，快速地入侵到我们的世界。具体分析下来，生命的原理就是这么简单，每个人都可以通过自己的努力梦想成真，可并不是所有人都能把控得好自己的那颗心。

我有一个妹妹叫王丽，事业一直做得很不错，长得也很漂亮，但一谈到感情，就开始眼泪汪汪。她说自己在二十多岁的时候，曾经历过一次失败的恋情，她被男友深深伤害了，以至于谈情色变，对婚姻产生了恐惧心理。在经历了感情挫败以后，王丽整个人都变了，她越来越沉默，越来越敏感，对男人有着很强的戒备心，完全深陷在低能状态之中。尽管之后她也遇到了几个条件相当不错的男生，却没有一个修成正果。用她的话说，如今的自己想接受一个男人太难，别人不容易走进她的心，因为她对谁都不放心。就这样时间一天天过去，年近三十岁的她，还是孤身一人，看了就让人心疼。

一次，我们相约逛街，坐在咖啡馆里聊天，放松下来的她终于向我吐露了心声："爱丽姐，到了我这个岁数，很多人肯定会认为我对爱情已经没有憧憬了。但其实并不是这样，在我心里爱情依然是我最渴望的东西，可每当我想鼓起勇气去接受一段感情的时候，曾经受到的伤害就像过电影一样在脑中浮现。我以为随着时间的推移，我会忘记，但它却始终在那里一次次地刺伤着我。所以我总是不放心，我害怕会受到二次伤害，所以总是下意识地去防备，放不下自己敏感的神经。我知道问题在我，是我让对方觉得太累了，累到想结束逃离，但是我却怎么也控制不了自己。"

我听了以后安慰她说："王丽啊！人不能总沉溺于回忆，而是要努力向前看的，越是受过伤害，越是要珍惜当下，我们要让自己在新感情中收获更多的幸福和快乐，它本不应该再受到过去的牵绊，因为过去已经是过去了。人生最愚蠢的事，就是用别人的错误来惩罚自己，可是你已经这样惩罚了自己十多年了。你谨守着曾经的痛，每天把这种痛翻来覆去地经历无数遍，又有什么好处呢？与其如此，不如给自己一次重新开始的机会，在崭新的一天配上崭新的自己，感受天地有多豁达，自己的那点小伤痛是多么微不足道，心结一下子就打开了。不信你看，外面的阳光多好？让它去温暖你的心吧！从此把心打扫得干干净净，让灵魂在那里安住下来，你就会发现曾经的伤痛无非是坚强的养料。快速地告别低能心态才是最智慧的选择。所以不要让它再继续左右你了，你已经在伤痛中沉溺了太久，也该轮到让自己幸福了。"

听了我的话，王丽点头说是，她一边擦拭眼泪，一边喝了一口暖融融的咖啡："是啊，是时候跟过去道别了，曾经的王丽已经死了，她不可以再影响崭新的王丽，而当下的王丽一定要幸福，也必须幸福。"之后我又给王丽介绍了一个性格开朗的男士，因为对方很幽默，总是爱讲笑话，人又很体贴，而王丽自己的状态也发生了很大的变化，挂在脸上的伤感消退了，笑容也变得越来越灿烂，她告诉我现在的自己很幸福，已经可以彻底摆脱低能心态的干扰了。

一个在低能心态下生活的人，是很痛苦的。这种痛苦来源于他们看待事情的角度，假如不去努力地改变，是很容易被负能量包裹的。生命顺境逆境，不过是种境界的呈现，它没有好坏，也没有对错，关键看你对它所持的态度。悲观的人觉得一片漆黑是死亡的前奏，乐观的人却将这种黑暗看成是黎明的曙光。所以，要想活得快乐，就先要让自己的心态高效起来，因为这个世界上没有所谓的救世主，别人所能给予你的只是助力，真正能拯救你的只有你自己。

▶ 情绪：
情绪是把双刃剑，你想靠到哪一边

　　不要在流泪的时候做任何决定，情绪负面的时候话越少越好。在生活中的我们被各种各样的情绪影响着，它犹如一把双刃剑，好的时候，能够激发我们的斗志，不好的时候，可以让我们愤怒、失落、一蹶不振。这样一个时好时坏的"朋友"，究竟应该怎样共处呢？告诉自己一切都会过去，那不过是一种感觉，当它在我们的控制下渐渐淡去，理智的心会因此变得更加强大、更加从容。

（1）控制得住情绪，才不至于两败俱伤

　　人在情绪平稳的时候，每一个选择，每一个决定都可以审慎思考，所以最终的结果大多是令人满意的。但当一个人情绪失控的时候，他所做出的反应很可能与自己平静的时候截然相反。常言说得好，真理向前迈一步就成了谬误，明明自己本来是有道理的，可就是因为一时的负面情绪，一个过激的举动，就把自己推向了被告的审判席。

　　我有一个同乡，平时人老实本分，从来不轻易跟人发生争执，到了新单位，发现同事之间都有自己的小帮派，自己又是新来的，自然处处不合群。时间一长，

有些同事看清了他软弱好欺负的个性，开始没事就找他的茬。起初同乡努力地忍耐，心想说不定再忍一忍一切就都过去了。但没想到的是，自己越是忍对方越是变本加厉。

终于有一天，一个同事指桑骂槐地攻击同乡的父母，言辞相当难听，同乡这一次再也无法抑制内心的怒气，便和那个同事争辩起来。两个人在口角中动了手，同乡用力地给了对方两个巴掌，虽然打了两下就停止了，对方却以此为理由把事情闹大。又是叫警察，又是叫朋友，又是找领导，弄得单位上下人人皆知，而那些同一帮派的同事也跟着帮腔，说是同乡先挑事，还动手打人。

就这样，打了人的同乡被警察问讯了一个晚上，因为领导听信了其他同事的话，决定给予他开除处分。当他默默地收拾东西准备离开公司的时候，看到那个欺负人的同事得意洋洋的样子，心中既难过又生气。茫茫人海的大城市，失掉工作的他不知道找谁倾诉。憋得没有办法，便打电话把这件事情告诉了我，而我听到这个消息，除了劝慰以外真的也帮不上什么忙。

一个老实巴交的人，做出如此反常的行为，必然是被逼到了气头上，但假如自己在问题出现以后，能够冷静处理，采取更有效更合理的方式处理问题，恐怕事情的结果就要比现在好得多。

这个世界上有能力的人很多，智商高的也不在少数，但是能够将自己情绪牢牢把控在手里的人真的太少了。假如一个人做不了情绪的主人，很可能就会在无意间成为被情绪奴役的工具。情绪的失控必然伴随着人生的失控，假如自己对此没有任何控制能力，必然会陷入一个可怕的恶性循环。

那么究竟怎样才能不被坏情绪所驱使，永远保持内心的理智呢？经过长时间的摸索，我总结了以下几条经验：

第一，三秒钟深呼吸，让内心平静下来。

从科学角度来说，有效地利用呼吸可以让我们的机体从激动的状态瞬间缓和下来，所以每当感觉情绪要发作，不如先给自己三秒钟做个深呼吸，让心灵随着呼吸一点点地平静下来。然后暗示自己，当前的情绪不过是身体的一种不良感觉，爆发是不可取的，此时不抑制，未来一定会后悔。

第二，保持沉默，不随便发表任何言论。

情绪激动的时候最容易发生彼此攻击，本来小事一桩，嘴巴一乱说，事情就变大了。所以越是在这样的情况越是不要随意发表言论，因为这个时候说出来的话，一般都没有经过大脑处理。而没有经过大脑处理的话，是很容易产生负面效应的。随意的喷发，必然对自己不利。

第三，尽可能离开是非之地。

一旦感觉自己要爆发，最好的调节方式是马上可以让自己换个环境。假如情况允许不如找个理由走开，这样可以有效地远离自己想要爆发的对象，也可以更好地抑制自身的情绪，降低自我爆发的危险系数。当自己想要爆发的对象在眼前消失了，内心也更容易平静下来，大脑会慢慢恢复理智。

第四，专注于自己份内的事，不要在意别人怎么说。

百分之八十的情绪失控，都来源于我们受到外力的影响。但对于一个专注做自己的人来说，别人说的任何话做的任何事，都会在他专注于自我的世界里失去效应。当一个人能够做到轻松地做自己，不再受外界影响的时候，外力对他的伤害就会降到最低。而这样淡定理智的人，永远不会被别人牵着鼻子走。

说了这么多，不知道对大家有没有帮助，面对负面情绪这个魔鬼，最重要的还是自我调整和抑制，假如你真的能在这场修行中降伏魔怨，成为情绪的主人，那么人生必然就少了很多障碍。一个不被情绪左右的人，更容易赢得成功，而你、我完全都能做到。

（2）编辑好你的情绪密码了吗

普希金说："假如生命欺骗了你，不要悲伤，不要心急……一切都是瞬息，一切都将会过去，而那过去的，就会成为亲切的怀恋。"对于人生的境遇来说，每个人的情况都是差不多的，总有一些让你高兴的事，也总有一些让你不高兴的事，而这些高兴与不高兴的事都是浮云，早晚会成为过去，唯独穿梭于其中的情绪，随着事情的发展起起伏伏、悲悲喜喜。有些时候那种感觉就像是一场自己给自己精心安排的电影，你是主角，又是观众，整个剧情就是每天都要经历的人生，我们在情景的转变中欢喜悲伤，着急生气，但到头来一切都会在电影该散场的那一刻归零。这个世界总是会有新电影上映，让动了情的我们在悲悲喜喜，爱恨交加中行走轮回。

师父说："人生犹如虚梦，你越是动情，越是会受苦，而当你看清事情真相的时候就会豁然开朗，一切执着贪恋的情感，无非是存留心间的一抹浮萍，风一吹就散了。万事看淡，便能云淡风轻。万事放下，眼前永远晴空万里。"有些人的生活看起来苦涩，但心却能苦中作乐，依然活得悠哉悠哉，大有"采菊东篱下，悠然见南山"的美好意境。有些人的生活看起来让人羡慕，但却内心孤寂，找不到生活的乐趣，成为大家眼中身在福中不知福的典型。这么看来，一个人能不能找到快乐，跟生活状态无关，跟富有不富有也无关，关键还是在于你能不能有效地转变内心的情绪状态，让自己恒久保持积极乐观。

我有一个很好的闺蜜，只要她在的地方，永远都是笑声一片，她是大家眼中的开心果，有她的地方就有欢笑，即便是再内向的人，也会在她的感染下开朗起来。

有一天大家正在嘻嘻哈哈地聊天，闺蜜突然接了一个电话，电话那头显然是一个投诉者，声音很大，大到我们每个人都能听到对方在说什么。主要内容是觉得闺蜜店里的工作人员服务不到位，自己很失望，这样品质低下的店，自己以后再也不会来了。紧接着一大堆的抱怨和指责扑面而来，情绪越说越激动，话也越说越过分。而拿着电话的闺蜜，脸上却找不到一丝的愁容。她听完了电话，平和地回复对方说："您的问题我知道了，如果我们的服务没有做到您满意，那么这里先说一声抱歉，我们有专门接受投诉的电话，有什么问题您可以打那个电话，我们有专人倾听细节，相信会在最快时间针对您的意见进行反馈。如果您不知道那个电话的话，我可以把那个电话号码发给您。"

本来回答没什么错，可没想到对方的火气一下被激起来了。"你什么意思？少说废话，你是不是老板，我就找你。"听了这话，身边有几个朋友都开始愤愤起来。有人开始提议："别接了，把电话挂了，这样的顾客不要也罢。"结果闺蜜却一边做鬼脸，一边继续听电话，并最终抑制了对方的怒气，将事情完美地解决了。

挂上电话的那一刻，大家本以为她会情绪低落几分钟，可没想到她立刻又恢复了活宝状态，像没事人一样笑着问大家："想好了吗？晚上去哪吃饭，做个 SPA 怎么样？"大家看到她这样的状态，满心同情地说："别装了，心里不痛快就说，被训了这么长时间，肯定不好受吧？朋友之间有什么好遮遮掩掩的？"可没想到闺蜜说："没有啊！我一直当她是在念经，字字句句都是阿弥陀佛。保佑我大吉大利，平安无事呢。"听了这话，大家又哈哈大笑起来，刚才的种种不快就这样瞬间化解，没有任何的尴尬，也没有任何的抱怨。

每个人都是自己情绪的总设计师，而我们一生都在不断地为自己输入着各种各样的情绪密码。只不过有些时候是刻意的，有些时候却是无意识的。假如是这样为什么不多为自己输入一些正面快乐的情绪呢？人生不过数十载，我们真的没必要拿出那么多时间来伤感，与其在负面情绪中受困，为什么不能让自己永恒的处在快乐积极的状态中呢？

人生的每一天都可以成为新的开始，生命中的每分每秒，该怎样过，如何过，充满怎样的力量，都是由我们自己说了算的。努力去做一个让别人喜悦的人，成为正能量的载体，幸福的感觉就会与你如影随形。少一些不安痛苦的思虑，多一份阳光美好的坚持，前方的路必然会越走越美，越走越开阔。

▶ **要求：**
不多事儿，严于律己宽以待人

说道"要求"二字，年轻时我对自己是很有要求，很严格的。然而随着自我经历的不断丰富，人也一点点趋向成熟，我开始意识到严于律己，宽以待人的寓意。从此，我由要求很多变成了一个从不多事的人。这样的状态反而让我感觉更舒服，我的生活也因为我的改变而变得更加恬静、自在。

（1）境界越和谐，人生越自在

那天开车出门，老公坐在我旁边说："看你工作的时候严谨高效，雷厉风行，可开车却不紧不慢，好像一点也不着急。"我听了打趣地说："那是为了让自己开着舒服呗，不斗气，不加塞儿，身边的人开着舒服，我也开着舒服。"

或许是因为真正的成熟了，人在经历了一些事情以后，心也一点点地磨平了棱角，那个曾经要求多多，严格到苛刻的自己没了。眼前的自己已经慢慢趋于随和，成为一个不多事的人，对待身边的人也越来越宽容，越来越友好。所以店里的员工常常说："咱们的院长就是个小妈，到哪儿都让人没有距离感，总是想亲近她，总是觉得跟她在一起很舒服。"

其实这样的变化，主要还是来源于自己内心的成长，正如金庸先生笔下的著名人物独孤求败，一生用剑所向披靡，求敌不见，却用整个人生验证了生命四大境界的真理。

第一境界："锋利宝剑，刚猛凌烈，无坚不摧。"

这个时代的自己，少年英气，锐不可当，对自己要求很高，心却犹如浮云在天上飘。有了一股不知天高地厚的侠情，觉得年轻就是资本，只要敢闯，只要不断地修炼，世界一定是自己的。

第二境界："凝重钝剑，举重若轻、不露锋芒。"

这个时候的自己，妄求以实力取胜，虽然看起来不露锋芒，其实心里还是有一股谁与争锋的霸气。看似沉稳，其实要求仍然很多，不过要求的质量要比前者更加厚重，也更切实际。

第三境界："木剑一把，轻装上阵，意在草木皆可为剑。"

这个时候的自己已经慢慢消减掉内心的欲望，开始将刚强转为柔韧。开始更偏向于追逐内心的向往，将世俗的需求一点点地抛到脑后。开始平淡自然地看待周边的事物，寻找属于自己心灵的归所。这个时候的自己开始努力让自己活得更像自己，也不断地探索着一条让自己走得更平和安详的道路。

第四境界："无剑平凡，不屑带物，落尘归俗"。

此时的自己已经不为身外之物所累，名利成败皆成虚设，人反而活得越来越安逸，人生在没有任何事物可以加以限制，却发现平平淡淡才是真。不再张扬，也不再要求，做回本来的自己，做想做的事，成为普通得不能再普通的人，保持良好的涵养，自己舒服，别人也舒服。

其实对于每个人都一样，从要求很多，到没有要求，是因为自己走了很多的路，明白了很多的道理，最终才会寻找到生命的真谛。从开始成长，到最终成为，一点一滴的烙印都会结出悟性的果实。当我们以宽容随和的心态面对这个世界的时候，第一个放过的就是我们自己。

生活中很多人都会犯一个毛病，就是按照自己理想的样子去要求别人，却忽略了最关键的一件事，那就是那个要求有时候我们自己也无法达到。当我们指着别人说："你要怎样怎样的时候。"我们的内心或许正在有一个声音悄悄地问："当下的样子，是不是太过苛刻了？"人最怕的就是静下心来反思自己，提出这么多要求，自己能不能做到？这么多要求提出来的初衷是什么？是为了满足自己的欲望，还是为了让眼前的这个人更好？

事实证明，很多时候我们之所以不断地要求，完全在于自身利益的驱使。我们忽略了每个人都是独立的个体，有独立的思想，独立的处事方式。作为一个有修养的人，我们不应该一味地为了迎合自己的需求，而强制性的改变别人。因为我们没有资格去做那个别人的改造者，我们唯一可以去努力改变的只有我们自己。

人生的每一条路都是自己陪自己走过的，假如要我选，必然是要走到独孤求败的人生至高境界，假如生命不过弹指一挥间，提那么多的要求又有何用？开心做自己，万事对得起自己的那颗心便已足够。知道自己要做什么，最终去向哪里，人生才不会迷茫。人生不过梦境，用心地把这场梦做得和谐而温馨，珍惜遇到的每一个缘分，人方便，我方便。人舒服，我舒服，便是再自在不过，再幸福不过的事情。

（2）开始懂得给别人第二次机会

假如有一天有人伤害了你，时隔多年又带着微笑祈求你的原谅，你会做出怎样的选择呢？没有受到过伤害的人，永远不会理解原谅一个人有多难。这个世界太多人宁可我负人，不能人负我。面对曾经辜负过自己的人，人们大多是板起一张冰冷的脸，轻则发誓老死不相往来，重则伺机而动，希望有一天能报了这个深仇大恨，假如有一天听到对方命运不济的消息，即便表情平淡，内心却犹如过了年一样欢腾，心想："啊！终于出了这口气，恶报终于落到他们头上了。"

其实，随着岁月的流逝，世界在变，人心也在变，曾经犯了错误的人，未必永远是坏人。他们也会在自己的人生中不断成长，也会回味往事中的过失，当那些他们对不起的人、对不起的事，一个个地浮出水面，他们的内心也会受到波动，也会满心亏欠。他们会意识到，因为自己当时的行为给别人所带来的伤害，心中很可能也在无数次地重复着一句"对不起"。他们或许一直渴望着对方的谅解，希望能够拥有新的开始，也真诚地希望对方能给自己第二次机会。

其实细细想来，人都是可能会犯错的，自己会，自然别人也会。尽管想做到事事宽容并不容易，但当我们真的把那份仇恨放下的时候，身心必然是放松而解脱的。在我看来，能给予别人第二次机会的人真的很不容易，他们不但要冲破内心受伤的回忆，还要努力安抚宽慰自己的内心。尽管很多人说宽容别人也是放过自己，但这个过程究竟有多难，恐怕只有当事人自己才能明白了。

记得五年前，我一上班就接到了一封毫无思想准备的辞职信。一个我从一张"白纸"一点点带起来的店长，由于年轻，没有看清诱惑，被别的同行利诱挖墙脚，决定离开名媛。当时事情很突然，自己心里也没有可以后备的人选，一个人坐在办公室里又急又气。那时心里真的有很多话都憋在肚子里，我真想对那个孩子说："为什么这么糊涂，难道在名媛这个发展平台不快乐吗？"但冷静下来的我开始分析原因，据我了解，这个要走的姑娘本性淳朴善良，人品绝对没有问题。虽然自己决定离开，但她在辞职信的字里行间都表达着对名媛的感恩和不舍。

于是在这个姑娘离开名媛的一个月的时间，我不断地关爱她，关注她。而离职的她一到了新的单位，也很难适应，觉得对方平台和自己想象的差距甚远。因为始终在保持联络，她把自己的遭遇告诉了我，泪汪汪地说："崔院长，对不起，我错了。这么长时间您一直这么关心我，照顾我，而我真的后悔自己这么武断地离开名媛。"听到这样的话，我的心也被她打动了，回想起当年她刚来到店里时候，那副懵懂纯净的样子，又想起她一步步在名媛成长的职业历程，我又瞬间地找回了做"大家长"的感觉。我耐心地开导她，安慰她，并肯定地对她说："孩子，每个人都会犯错，意识到错了也是一种成功，如果你愿意，我可以给你第二次加入名媛的机会。希望这次，你不会让我失望。"就这样，一个月后，我的小店长又带着满脸的朝气和希望回到了名媛的怀抱。经历了这件事情的洗礼，当下的她更加奋发，一跃成为团队的榜样。

一个孩子不经历几次摔倒就无法学会走路，一个人没有犯过错误，就永远分辨不出对错。每个人都会犯错，别人是这样，自己也是这样。上天会用各种各样的境界教会我们成长，其中就包括如何容纳别人错误。成熟的人懂得给别人第二次机会，因为他有海纳百川的心胸，和俯仰世间的智慧，他们不会因为别人和自己观念不同，就立刻拒绝排斥，也不会因为事情违反自己的设想就切断进程，他们做事是不带情绪的，看问题也会比一般人深刻，而一个更专注于问题的人，往往可以找到最巧妙的方法化解问题。

所以，学着给别人的第二次机会吧！尽管我们都知道，走好这一步真的不容易，尽管脸上带着微笑，深邃的回忆中还是夹杂着隐隐的伤痛。但人是不应该永远活在过去的伤痛中的，当两个分开的人重新相遇，重新开始了一段崭新的征程，或许给予彼此更多的是珍惜和坦诚，是对往昔种种的宽解与释然。所以，别把一切想得那么糟糕，伸出手，将曾经的伤害抛在脑后，用心给予对方一个拥抱，说不定接下来的路，因为有他的存在会更加美好。

49

第三章

行美——
到位的节奏感，极富美感的行动艺术

　　琴键敲击出的旋律，音符于指尖倾情的流动，一举一动间都带着艺术的美感。人的每一个行动也是如此，从目标的起点到完美收工，每一个细节都伴随着轻快的韵律。但凡是懂这门艺术的人，一定会在行动中优化自我的节奏，无形中与别人擦出火花，在幸福感中传递共鸣。试想一下假如一个人把事情做成了一首轻快的歌，那是一种怎样富足的美啊！跟随韵律的节拍，掌握好自己的节奏，你也可以成为一流的行动艺术家。

▶ 目标:

真正的赢家，心里只有一个太阳

当心中有了理想，一路追梦的过程中，就少不了一个个目标的陪伴。尽管有些时候事情会发生一些变化，但聪明的人总能在目标的指引下，得到自己想要的东西。我常常说："假如自己的目标是一个太阳，那么至少我们最后能得到一个月亮，假如我们一开始的目标就是一颗星星，那么我们只能得到一片漆黑的夜空。"想要太阳吗？那就把目标定得远大点，因为这样更容易让自己冲破极限，成为生命真正的赢家。

（1）有谁活出了自己满意的样子

记得一次和一个年轻的女孩儿一起吃饭，只见她忧郁地望着窗外，对我说："爱丽姐，人海茫茫，每天面对着川流不息的街道人群，我就在想，在这样繁华的大城市里，成为自己想成为的人到底有多难？每个人都在努力，但真的每个人都能得到自己想要的吗？"

听她这么一说，我鼓励她说："想成为自己心目中的样子，你首先要相信，当下的自己就是自己满意的样子，这种感觉不是虚拟的而是真实的，你要不断地用正念暗示自己，那个完美的自己已经来到我的身边，与这个当下不懈努力的我合并成了一个整体，你要学会转换角色，让自己永远活在理想的状态之中，如果是这样你的人生是没有理由不精彩。要么目标已经实现，要么正走在实现的路上，你会感觉到那种梦想在一点点靠近的感觉，越是如此，心里越是有成就感，越是如此，心中越是有希望。"

"目标？爱丽姐，什么是目标？其实我每天都会给自己定立一大堆的目标，尽管自己很努力，可就是有天不随人愿的感觉。最后自己都迷茫了，定这么多目标有什么用？除了让自己越来越紧张以外，生活其实没什么太大改变。现在我觉得那些所谓"目标决定一切"的言论都是荒谬的。目标给我的感觉不是希望，而是疲惫。爱丽姐，有时候我觉得身体里有两股力量在抗衡，一个在说：'加油，努力！一定能完成你的理想。'一个在说'你再设立这些乱七八糟的东西，我就把它给吃了，让你什么也实现不了。'所以，现在的我，干脆就把它放在一边，不在天使与魔鬼之间做夹心饼干了，爱怎么样怎么样，天要下雨娘要嫁人，由他去吧。"

我听这姑娘这么一说，心中沉思良久，对着她的眼睛很认真地说："亲爱的，我想现在的你还没有搞清楚目标存在的价值，人之所以要有目标，就是不要让自己太过沉迷于自己的世界，而是要依靠目标来更清晰地知道自己想要什么。人生太短，没有目标很容易精力分散，方向一迷失，理想就不见了踪影。其实，成功本不是什么难事，做好正确的规划，一步步地走下去，应该就不会有什么问题。关键是太多人在列完了目标以后选择了放弃。人生在世，自己的事情自己做主，认准了目标，就坚持着走下去，这关天使与魔鬼什么事？当你把所有的精力都集中在目标的那个点，相信这股力量一定可以穿透阻碍，顺利地把你带上成功的轨道。"

听了我的话，女孩儿卖萌地看着我，眼睛里还有些犹豫，静静地拿筷子扒拉着盘里的食物说："其实这么长时间以来，我的大脑一直是混乱的，不知道自己的未来是什么样子。或许我真的不是个目标明确的人……"

"那就给自己一段空白的时间，好好与自己相处，听听自己内在的声音，看看未来满意的自己究竟是什么样子。唉！亲爱的，你有多久没有自己跟自己好好相处了。这个世界存在成功，但是没有一个人是随随便便就能成功的。目标可以协助我们找到方向，但当我们设定目标的时候，记得多问问自己目标与自己的意义是什么？人这一生正反都是活给自己看的，搞清这个问题就不会迷茫。我想之所以以前你在订立目标上出了问题，艰难到自己根本无法完成，肯定是因为你没有把这件事想清楚，把目标定得恰到好处，趋于合理，才更容易落实。"

"嗯，有道理，可能我以前太迷茫了，追求的东西太多了，所以最后搞得自己都不知道自己要成为一个什么人了。"

"那么现在就想想自己要成为一个什么样的人吧！年轻是你的资本，目前的你还有很多回旋的空间。假如自己认准了一条路，勇敢地朝着金字塔顶端冲刺，精益求精，一丝不苟，三年，五年，十年认准一个职业做下去，你就是整个领域的权威。真正的强大，是别人都在努力的时候，你在努力，别人都不努力的时候，你还在努力，别人准备放弃的时候，你还在那里努力。或许这时候有人会说你笨，说你傻，但总有一天你的坚持可以证明一切。因为你从一开始就知道自己想要什么，这一点是最可贵的。"

总是听到有人说做事难，做事难，但仔细想想，不是因为事情难，而是因为我们没有找到最正确的方法。天下本就没有难做的事，外面的人那么多，人人每天都在做事，关键是你有没有这个毅力把事做成。做事只是基础，而真正决定成败的是你的执行力。每个人心中都有自己理想的样子，假如你将它视为必胜的使命，那就明确好自己的终极目标，不放弃，去坚持，只要一心正念，方能使命必达。

（2）直达目标，路边的野花不要采

这个世界充斥着改变，也充满了诱惑，选择多了，烦恼也随即而来。每个人面对诱惑的时候，脸上都带着各自不同的表情，他们内心向往着得到，却怎么也不能全部得到。最终在一路的追逐中一再错过，越往前走，越是一片迷茫，这时候才意识到自己是在遭受一场惩罚，流着眼泪问上天成功在哪里，幸福在哪里？怎么自己努力了这么久却什么也没得到。这时上天无奈地看着他们失落的眼睛，好像在默默地说："我给了你青春，给了你很多的机会，只要你抓住一条努力做下去，出不了十年就是这个领域的精英，但你却从未珍惜，总觉得前面有更好的，这又能怨得了谁呢？"

曾经的我们以为自己有大把的时间可以挥霍，从来没有意识到机遇正从我们的指缝中匆匆溜走，太多的人在欲望中沉沦，却也不乏富有智慧的决策者，他们在生命的关键阶段，牢牢地把握好了自己的人生，最终稳扎稳打，一步步地走向属于自己的光明。所以，在我看来，成功永远不是偶然的，你需要为自己找到合适的位置，然后用心地在那片天地认真耕耘，种下幸福的因，也就必然可以收获成功的果。

记得和一位 89 年的会员聊天，她说自己工作三年了，每个职位呆了都不到半年，这三年她一直都在换工作，细数下来已经换了不下七个工作。看着她满不在乎的神情，我问她为什么干着干着就辞职？只见她摸着脑袋说："觉得不适合自己啊，而且也赚不了多少钱，每次都满怀憧憬，每次都是失望而归。我现在俨然不知道自己想要什么了，无所谓啦，反正自己还年轻，就当是尝试尝试吧。"

"那接下的三到五年自己有什么规划？"我问道："假如从现在计算的话，到那个时候你的年龄可就不占优势了哦！"

"规划什么，就是赚很多的钱呗，赚的钱越多越好。"她摸着脑袋一脸茫然地说。

"想赚钱没错，那你有没有具体赚钱的方法呢？或者说你觉得自己有什么优势能赚到这些钱？有没有想过自己第一年能完成多少？为此自己应该进行怎样的改变与提升？努力做到哪几件事才能按时完成第一年的目标，然后第二年，第三年，每一年的计划如何才能按部就班地落成实现？"听了我这一系列的提问，她一下子呆住了，说自己以前从来都不这么想，只想找一个赚钱多的公司。但不管自己去了哪家都无法帮自己实现赚钱更多的愿望，所以最终只能辞职。

于是我拿来纸笔和她一起做了一个清晰的目标规划。第一年如何找到属于自己的平台，并快速的适应，提升情商。处理好人际关系，和团队的相互协作，最终成为岗位中最杰出的英才。第二年，可以多承担，挑战自我，成为团队中的领军人物，实现翻倍的薪资。第三年，具备可以独当一面的能力，成为平台和团队顶梁柱，成为大家眼中出色的领导人，真正成为总裁身边的左膀右臂。这时候自己的视觉宽阔了，格局观日趋成型，一定可以让自己的未来更加美好。当规划做完以后，我为这个女孩儿做好了每一个阶段的时间截点，并鼓励她一定要朝着自己理想的方向努力前行。

看到目标精细到了每一个步骤，女孩儿的眼睛顿时明亮起来，她说："爱丽姐，现在眼前好开阔啊，好像已经看到了胜利的明天，身体里的每一个细胞都充满了力量，这种感觉真是好极了。哎！我要是早认识您就好了，这样也就不至于浑浑噩噩到现在。"我笑着对她说："现在也一点都不晚，只要你努力去做，坚持去做，出不了五年你一定会有意想不到的收获，相信自己，一定要加油。"

就这样，这个女孩儿满心憧憬地上路了，还不到三年，她就已经在大城市买到了自己人生的第一套房，并为自己树立了更远大的目标，她告诉我她一定要更加努力，成为计划力、执行力都超级棒的职场精英。

方向是对的，做下去就是对的。方向错的，再能干也是错的。订立目标不能仅凭脑袋一热，追梦的路上一定要认清诱惑，一个人只有在严谨认真，对自己负起责任的情况下才更容易明确未来真正的方向。

只要将一切布置到位，就集中全部的精力去完成它，一步步地踏实前行，才能成为完美结局的缔造者。我们都是追梦人，拒绝该拒绝的，坚持该坚持的，路就一定会越走越好。

▶ 规划：
我的版块儿我做主

　　有人说目标很重要，但在我看来规划更重要。目标看的是顶点，规划看的是格局。一个聪明的人，一定是自我格局战略中最好的军师，他们会布置好自己手里的每一个行动版块，认真地把手里的棋下圆满。与其说这是一门技术，不如说是一门艺术。从迈向目标的那一刻起，人生就开启了一场精彩好戏，时而万变，时而不变，但最终的目的只有一个，那就是实现梦想。

（1）蓝图是可以边走边画的

　　小时候的我，老师喜欢，家长疼爱，信誓旦旦地说未来要做一个了不起的人，可这个人有怎样的了不起，自己并没有什么概念，只能随大流地说："要建设国家，要利益社会，要服务人民。"后来自己只身一人来到大城市，人生开启了新的起点，当时的自己心里也没有什么方向，唯一的方向就是赶紧赚钱帮父母还清债务。于是我开始拼命努力，最终目标实现了，自己也迷茫了，下一步干什么好呢？一时间心里没了方向。

　　就这样我开始陷入了深深的思考，我知道人生需要规划，只有思路清晰才能更好地洞彻未来，于是我将每一天的思考一笔笔地记录下来，目标也越来越明确，当我把自己要成就的理想精细到了每一个步骤，内心就变得充盈而踏实起来。这让我意识到，所有的开始本都是没有蓝图的，只有不断地规划，不断地理清思路，身上的羽翼才能一点点地丰满起来。我终于知道自己应该做什么，如何才能成就，我终于知道自己所要优化的每一个细节，要完成的每一个目标截点，当未来的一切清晰地在纸背上浮现，我开始对自己越来越有信心，因为我相信自己一定可以通过努力将它变为现实。

曾经有人问我："爱丽姐，什么是梦想。"我告诉她："梦想和梦是有区别的，梦再美好也有醒来的一天，而梦想是需要你付出努力，不断实践，一步步地将它变为现实的。"在没有付出行动之前，蓝图再美也是虚幻的，但假如你坚信，并朝着这个方向努力去做，那它回馈给你的必然是无比丰厚的回报。

回想起自己一步步走过的心路历程，那一本本珍藏起来的日记，就是自己漫漫人生路的最好见证，从初中有了第一个日记本到现在，我从来没有间断这种自己与自己的联系。偶然翻阅，我看到初涉职场青涩的自己，虽然满腹委屈，压力重重，还在那里一个人默默地为自己打气。我看到第一次尝试经商的自己，不到两个月就赔掉了两年的积蓄，虽然心酸到泪眼朦胧，却还是倔强地告诉自己不准哭。我看到为了事业累得腰酸背痛，趴在床上就再也起不来的自己，在那个独自一人的深夜，费劲地记录下满心失落与不安。我一次次地问自己："爱丽，你要成为什么样的人？你应该怎样实现你的目标？你今天所付出的一切都得到了哪些收获？下一个阶段你有什么打算？你有哪些方面需要提高？哪些必须放弃？你需要遇到什么样的贵人？他在哪里？怎样才能找到他？"

就这样我一边思考着，一边回答着，一边努力实践着。我突然发现脑袋的思路越来越明朗了，眼前的世界在思想的提升下焕然一新。不断前进的勇气，换得了我更为丰富的人生阅历，这让我觉得，自己在每一天都能学到很多东西，每一天都过得无比充实，每一天都距离自己的目标越来越近了。而此时的日记早已不是一本连一本的伤痛史，它摇身一变，成为我深度思考、规划自我的有效工具。

当笔尖落到纸面的那一刻，我的智慧升华了，灵感在不断迸发，我一边认真分析，一边努力解决问题，心中的蓝图就这样一笔笔有模有样地被勾勒得越来越清晰，我不但知道自己该怎么做，还知道怎样才能把梦想照进现实。

回顾过去，再看今朝，如今的自己已经有了翻天覆地的变化，当年那个忧郁迷茫的孩子，已经蜕变成了一个思路清晰、从容理智的领导者。她再也不会不知所措，再也不会无助惊慌，因为十几年的风雨历练，让她收获了一颗从容不迫、坚守信念的心。从那一刻起，牢骚借口不见了，消极抱怨没有了，字迹中满满的都是解决问题的方法，脑袋里思考的永远是如何才能更有效率地成功。当秀美蓝图一点点地浮出水面，心中的航母才真正开始扬帆起航。再不会有人说那都是没有意义的空想，因为希望在成功中成长，它在不断壮大，不断地在现实中呈现。此时的自己，思想开阔了，行动迅速了，未来明了了，方向明确了，此时的自己相信再也没有什么能阻挡得了内心的那份坚持。此时的自己终于可以张开双臂拥抱心中的那份美好，在落实的步伐中笑出自己的强大。

所以，亲爱的朋友，所有的开始本都没有蓝图，蓝图是自己通过后天的努力一笔笔描绘出来的，每一次蜕变都寄托着新的希望，每一次飞跃都拥有着新的高度。这一切都让我意识到，蓝图不是空想，而是在一步步落实中的升华，当我们的思想力和行动力被提升到一定的高度的时候，前方的视野自然会开阔起来。

人生重在规划，细节在于鞭策，从今天起拿出信心，让心的蓝图在现实中显现，坚持到底，势在必得。

（2）把目标刻上岩石，把计划写在沙滩

人们常说："目标让我们更靠近理想。"假如理想是一个人的终极目标，那它必然是由不同阶段的计划串联起来的，可世界每天都在改变，人生也在经历反复的无常，假如不能顺应这种变化，及时对自己做出调整，总是强迫性地一定要按照自己本来的想法前行，那最终的结果很可能是赔了夫人又折兵。或许这时候有

人会说:"佛都说要一心正念,我现在不就是一心正念吗?"可是你别忘了,佛也说要"善巧方便。"也就是说,即便到了佛的境界,为了能够更好地度化众生也会根据众生不同的境界,因材施教,不断地调整自己的教学方案,令其破迷开悟,只有这样才能最终实现自己度众生成佛的伟大目标。佛都是如此,我们这些人间的凡人更是如此了。

所谓目标与计划之间的关系,就好比是打出租车,一上车,司机的第一句话一定是:"您去哪儿啊?"这时候你把自己的明确目的地告诉对方,对方才会开始在脑子里优化路程,哪里不爱堵车,哪里人少车少,哪条路走直线距离最近,这才开始踩油门,又快又安全地把你送到你想去的地方。

假如这时候我们自己的目标并不清晰,或者干脆说自己不知道,让司机师父先开着看,那可就难坏了人家。遇到了这样的情况,很可能对方会拒客,干脆不拉这样的生意,而你也永远只能呆在原地,继续自己的迷茫。

我常常跟自己团队成员讲:"目标是要刻在岩石上,而计划是要写在沙滩上的。"为了实现铁一样的目标,我们可以在细节上不断优化、不断调整,随着事情的推进,一边分析一边寻找最佳路径。尽管任何事情都有它的衍生规律,但绝对不会是雷打不动的。假如一根筋,觉得自己的计划已经定得很好,不能改变,那就等于认死理,本来没有绝对的控制把握,还非要让一切向着自己想好的方向发展,那不是以卵击石又是什么呢?耽误了时间不说,自己还会因为没完成目标而遭受挫败感,这是何苦呢?

我认识一个理财顾问,为人非常认真,我也是她的忠实客户。小姑娘在工作上非常有智慧,通过和她交流,我不但学到了很多理财知识,而且对于她灵活的计划能力很是钦佩。

第一次见面的时候,她向我和老公推荐了几款理财产品,我当时说明了我的情况,觉得她为我推荐的这几款对我来说并不合适。她耐心地倾听,同时在本子上不断地记录下我的情况,我希望通过理财能达到的收益以及我的风险承受能力等诸多项目，然后用笔快速画出曲线图，并结合手里的理财产品，对我进行讲解和介绍。那天我并没有直接购买理财产品，在对她表示感谢后，提出自己想回去考虑一下。

小姑娘也没有强求，把我送出门以后说："大姐、大哥，如果有合适的理财产品我会通知您。"于是我和老公坐上车，老公说："让人家白忙活了，聊了这么半天也没有成果。"我笑笑说："或许以后会有机会打交道吧！看缘分喽。"就这样过了几天，我每天都能收到这个小女孩儿给我发来的信息，里面没有任何推销的成分，都是一些关于理财理念、理财咨询这类的内容，末尾还温馨地标注着当天的天气预报，并附上自己温馨的祝福，让人感觉非常舒服。

又过了一段时间，小姑娘打来电话，在问候了我的生活后对我说："大姐，我最近又对咱们的理财计划做了一个深入的调整，把您的财产增值计划做了一个全新的定位评估，同时我还拿着方案咨询了我们单位做理财计划分析的第一高人，我们的理财部总监，他也给出了很多相当不错的建议，所以我想不管您在不在我们这里做理财，都有必要来看一看，这对您开阔自我理财思路很有帮助。我可以把我的理财计划发给您，但我觉如果您能来听我给您分析讲解一下应该会更有帮助。"

于是我又应邀与她见面，听她细心周到地讲解，不但从理财智慧上脑洞大开，而且对国内外金融形势也有了更深入的了解。短短不到一个小时的时间里，我学到了很多知识，而她的耐心也深深地打动了我，最终我很顺利地成为她的忠实客户。

在她的帮助下，我一年的理财目标很快就达到了，她的灵动的节奏让我深深地意识到，变动并不可怕，可怕的是一根筋，一个思维很灵活，应变能力强的人，是不会被任何定式所禁锢的。就好比这位小姑娘，即便是在经济并不景气的年景，也能通过转变思路，帮客户赢得不错的收益，完成她心中雷打不动的目标。

目标是坚定信念要完成的前方，即便再多的风吹雨打，也不可改变。而计划是实现一个个目标的方法。行动是可以根据情况变化而不断完善的。人都是一边优化一边走向成功，正如下棋，做棋子只能是一个落地一个坑，决定不了自己的命运。做棋手就要考虑格局，不断随着形势对自己的计划做出调整。所以人要认清自己的角色，成为优秀的棋手，灵活调整计划，才能在目标之战中所向披靡。

▶ 落实：
没那么难，一边解决问题一边找乐子

有人问我："爱丽姐，人为什么会来到这个世界上。"我笑笑说："为了解决问题。小到解决自己心结里的问题，大到解决人人都面临的问题，总之，人这辈子是由问题串起来的，生活就是一个问题接着一个问题。"所以问题没有那么可怕，它无非是我们生命的调剂，没有了它，此生必然会少了很多的乐子。

（1）畏难是最耽误事儿的

人生在世，少不了要面对一些难题，林语堂老先生说："生活的最高境界就是半玩世半认真。"我们之所以面对困难会痛苦，是因为我们对它太认真，假如这时的自己可以换个角度，将一切看成是闲暇时要攻克的一场游戏，那状态就会发生翻天覆地的改变。一个带着乐趣解决问题的人，总会比带着一脑门子官司去解决问题的人更能找到快乐。他们不但能把问题解决得很好，还能从中不断地找到成就感。

其实细细想来，生命不过世间一瞬，有什么过不去的？又有什么可较真的？会玩儿的人即便手里是把臭牌也能打出精彩，而悲观者却在难题面前吓得瑟瑟发抖，即便是上帝恩赐给他多大的福祉，他也照样挥洒不出自己的精彩。这就是人与人本质的不同，想要成功首先要锻炼的就是自己的心理素质，快速地适应环境，快速地找到应对难题的出口，总要比在那里举头抱怨、不知所措强得多。机会会青睐那些主动解决问题的人，畏难是最不可取的，因为它会让你在怀疑成功的同时，怀疑你自己。

我有这样一个心重的朋友，一出现点什么问题就紧张，嘴巴的第一反应是先把责任推给别人，然后自我逃避，尽可能地让别人去解决问题。有些时候上级交给他一项任务，还没做呢，脑袋里就会一大堆的"假如"和"怎么办"，这些心理负担压得他怎么也透不过气来。

有一次我恰好坐他的便车回家，听到他跟我道出的一脑门子官司，说上级实在是拿他太开玩笑，把不可能完成的事情交给他，什么垃圾都往他身上倒，搞得自己都不知道怎么办，非常狼狈。我听着听着就打断他说："你不要这么想，上级把这么重要的问题交给你做，证明他很看重你，而你也有这个能力能想出有效的解决方法。事情还没做，怎么知道自己就没办法呢？同为企业领导，我最看重的人永远是那个积极主动解决问题的人，遇到问题能勇敢地站出来请命，面对别人都摇头的事情，他也能信心满满地说：'交给我'。这样的人以后才能越来越出色，所有的问题见到他都得绕着走。你要有这样的魄力，才能让自己日后更有发展。"

听了我的话，他沉默一会儿说："可问题真的很难啊！""难的是你的心。"我继续开导他说："如果你总是害怕它，它就越来越可怕，总是会阴魂不散地折磨你，但是如果你直面地去面对它，告诉自己一定要解决它，那它的力量就小了，所有的正能量都到你这边来了。这就是自己与自己的博弈，你要战胜的不是问题，而是你自己啊。"

记得十五年前自己第一次登台演讲，虽然把稿子已经背了半个月，但站在舞台上的时候，脑子还是紧张到一片空白，什么都想不起来了。拿着稿子的双手一直在发抖，表现实在让自己羞愧，恨不得找个地缝钻进去。此时心里的消极想法开始兴风作浪，它不断地在那里对我说："你还是不要演讲了吧，演讲根本不适合你啊。"但好在我并没有被眼前的一切吓到，当心渐渐平静下来，我告诉自己："爱丽，为了以后不再丢人，我一定要对此有所投入，最终在讲台上成为最好的自己。"

通过自己不断的努力，如今的我不论是当着多少人演讲，也不会再出现曾经的状态。站在舞台上我不但可以潇洒自如侃侃而谈，还可以充满激情的与台下的观众进行互动，与大家一起在那个庞大的正能量场里一同享受爱与幸福带来的成就感。这一切结果都感恩于那 15 年前的第一次演讲，正是因为有了那一次的开始，才让我下定决心，花费更大的精力和投入进行自我改变，到目前为止，我投入到演讲上的学费已经接近 200 万，出席参与演讲的次数已经多达上千场，而舞台上的自己，已经越发从容自信，我不再惧怕聚光灯的投射，不再担心驾驭不了观众的目光，我的内心充满强大的正能量，它让我更果敢、更坚毅，它让我更潇洒地表现自己，彰显一个领导者特有的才华与魅力。这时的我终于松了一口气，将不堪回首的往事永远地抛给了过去。

这个世界没有搞不定的事情，只有搞不定的内心。让自己活得更高效的窍门就是彻底扫清心里的那份畏难的情绪，因为我们要解决的是问题，而不是去想象这个问题有多难。依照我个人的经验，在难题出现的时候不妨先在心里列出这样几个问题：

1. 关于这个问题，你希望得到的结果是什么？

2. 关于这个结果，你都有几个方法？

3. 在这几个方法里，你认为哪个最好？

4. 你计划什么时候开始行动？

5. 需要谁来配合你做些什么？

6. 什么时候将这一切大功告成？

有了这样系统的思维逻辑，做起事情来就更有方向，解决的步骤也更加明确清晰了。

人生想打出一副漂亮的好牌，最先要学会的，就是不畏困难，如果能再配上清晰的思路，无限潜能就会被一点点地挖掘出来。这时候我们会惊讶地发现，原来看似艰难的问题，不过是纸老虎，算不上什么可怕的事儿。一个人只要对自己有信心，便能有效调动自身智慧和能量，成功地处理好一切。

（2）在问题中不断修行

很多人觉得生活中的难题对自己来说是一种障碍，它的出现让我们不知所措，让我们抱怨恐惧，让我们一时理不出头绪，不知道事情应该怎样处理。曾经有个朋友感慨道："爱丽，虽然书上总说挫败是人生命中的礼物，但我真的不愿意它传递到我的手里，每当面对难题的时候，那种从肉里长铠甲的感觉实在是太痛苦了。如果人生真的可以选择，我想所有人都会选择阳光大道，让自己这辈子尽可能顺畅快乐些，倘若没有阻碍，说不定生活会更美好，精彩的成分一样也不会流失，只是我们心中少去了诸多的痛苦而已。"

每当想起他的话，内心就会莫名地掀起一阵波澜，我曾经无数次地思考过这个问题，如果一切事情我们都可以有选择地接受，人生是不是能够多一些快乐？然而生命就是如此，他为你的故事插曲，很多都是无法回避和选择的。世界在无常中变换，没有人能顺利截取关于明天的全部秘密。本来风平浪静的一天，不知道什么时候就会卷起一番惊涛骇浪，假如这个时候的我们没有做好充分的准备，必然会被打得措手不及。但假如我们可以看清世事，以一颗平常的心淡看一切，将一切的悲喜化为生命中的一场修行，带着孩子般的童心，去经历，去体会，去探险，那或许要比遇到事就低着头抱怨有趣得多。

还记得店里有个小顾客，刚刚参加工作不久，在一次交流中她向我回忆起了自己的一段经历："爱丽姐，记得我刚入职不到一个星期，上级忽然甩给我一大堆的工作，可这些工作对于毫无经验的我来说哪儿那么容易上手啊？所以当时心里特别着急，一个人坐在位子上皱眉头，心里翻江倒海的全是各种消极。当时我就想，会不会领导看我不顺眼，要辞退我？是不是我不长眼力见儿哪儿得罪他了？总之自己的心啊，打翻了五味瓶，那滋味别提多难受了。当时心里就想，完了，这下肯定完了，该怎么办？到哪儿哭着挠墙去啊！"

"那后来呢？"我一边微笑地看着她，一边递给她一杯水。

"后来，跟我坐对桌的大姐一句话点亮了我的心灯，她对我说：'姑娘，不要想太多，就把它看成一份工作，你无非是在完成你的本职工作而已，除了工作内容，它与其他的任何事都无关。既然上班就是为了工作，那工作来了就把心放平，积极地去面对，一件一件做好。工作嘛，总是要有的，也总会做完的。让自己放轻松点就没有搞不定的事情。'爱丽姐你知道吗？听了这话，我的心一下子平静了。"

小姑娘顿了顿，宛如当年的场景就在眼前："大姐的话让我意识到，工作是常态，问题、障碍都是常态，正所谓兵来将挡、水来土掩，工作就是一个难题接着又一个难题，而自己之所以被聘用，就是来解决这些难题的。所以出现了难题没有什么好怕的，一件一件处理就好了。于是我开始以平和的心态看待上级分派给我的工作，最终熬了一个通宵，终于把一切都搞定了。而上级对我的工作表现非常满意，我也就这样顺利地赢得了他的信任，在今后的工作中我们两个越来越有默契了。说真的，我发现上司不是什么坏人，他只是很敬业，之前是我自己意识判断上出了问题。前段时间他还在帮我争取晋升名额，我越来越觉得在他手下干活很幸福。"

听了这位小顾客的故事，我开心地对她报以赞许的掌声，祝贺她在工作中的成长，祝贺她终于明白如何更好面对人生。

说到这，脑海中突然想起了这样一则故事：

一天佛陀与弟子出游，佛陀让弟子到小溪取水喝。于是弟子来到小溪边，看到马车经过的时候，溪水被马车的轱辘搅浑了。

于是弟子拿着空钵回来说："世尊，溪水被路过的马车搅浑了，我们可以再往前走走，前方就是一条河，那里的水清澈见底，我们可以到那里取水。"

佛陀听了，摇摇头说："你继续到小溪边取水，如果溪水还是浑浊，你就什么也不要做，在那里静静地等待。"

于是弟子又来到小溪边，溪水还是浑浊的，弟子便坐在小溪边什么也不做，过了一会儿一切就沉淀下来，小溪又恢复了往日的清澈。弟子一下明心开悟，了达了人生真理。

生命中的问题和阻碍就好比是那被搅浑的溪水，当它们在我们的世界中泛起波澜的时候，不要怕，把它当作一种修行的常态就好，静观其变，淡定安详。只要自己知道该处理好的已经在处理，该做的事情一分也没落下，就不要再因此而顾虑重重。问题没有难易之分，它不应该成为我们人生的障碍，花开花落是常态，喜乐悲欢也是常态，让我们秉持一颗修行之心，将一切沉淀下来，你会发现一切困境通通都是自我意识的假象，这个世界上没有解决不了的问题，只有化解不了的心境，心舒展了，一切自然明心见性，迎刃而解。

▶ 成形：

思想富足，明天才会有模有样

　　一件美好事物的成形，必然是来源于思想智慧的呈现，每个人都有将美好照进现实的能量，关键在于你的思想是否富足。站在思想的制高点看问题，就会发现人生跟自己当初想的截然不同，它是那么有活力，那么有朝气，那么充满无穷的创造力，而幸运的是，你刚好就活在它的轨迹里，积聚力量努力创造着自己的奇迹。

（1）高度有多少分，成就就有多少分

　　井里的青蛙，坐在井底唱歌，一辈子没有迈出那个圆圆的洞，有一天一只老鹰路过此地，对青蛙说："你为什么不跳出来看看外面的世界？你知道外面多精彩，天有多辽阔吗？"青蛙不屑地说："有什么精彩的，不就是那么圆圆的一块地方吗？"老鹰笑笑，飞上苍穹，在天空中俯瞰世界，继续做自己蓝天中的王者。

　　思想的高度决定了成就的高度，这个世界上太多人只注重眼前利益，最终做的全是丢西瓜捡芝麻的事儿。主要原因在于思想高度没有上到应有的档次，才会认识不到世间还有比捡芝麻更重要的事情。

一个创业三年的朋友问我："爱丽姐，每天看到你们名媛微信圈都是感恩文化，团队文化，总搞这些有什么用啊？我觉得做生意就认真做生意就好了嘛。开公司的主要目的是做生意，把产品做好，把业绩搞上去，把钱赚到口袋里就可以了，为什么要耗费那么大的精力做这些？这些可都是烧钱的事儿啊！"

听了他的话，我笑着点点头说："在刚开始创业的那三年，我和你是一样的。可现在我的想法早就经历了蜕变，我开始意识到利润只能代表企业的现在，只有团队凝聚力才真正决定企业的未来。在很多企业挖空心思留不住人的当下。我们名媛有一大批和它一起成长发展起来的老员工，在名媛工作长达 5 年、8 年、10 年、15 年的员工比比皆是，而这才是我心中最宝贵的财富。"

朋友诧异地问："那名媛难道不是您的吗？留下员工的目的不还是为了争取更高的利润吗？"

我摇摇头说："企业不是某个创业者的，它是一个实现整体团队创业梦想的载体。从更升华的角度来说，它属于整个社会和国家。只不过在做事情的开端，上天把这颗创业思想的种子，放在我们这些创业者的心里。让我们把它当成梦想，并努力将这个梦想落到实处。"

话说完我拉着他一起看我们名媛每年团队里孩子们提升能力、格局、视野的培训安排，以及旅游和游学的修炼安排。告诉她每到年底名媛就会把所有孩子的父母都接到北京欢聚一堂，一起来听孩子在名媛成长和收获的总结汇报。当他知道每年名媛在这些方面的投入就要上千万时，人一下子惊呆了。嘴里嘟囔着："爱丽姐，我觉得你真的快疯了，这些都不是什么赚钱的营生，全部都是在投入，你所收获的回报在哪里呢？"

看着朋友不开窍的神情，我问了他这样几个问题："第一、想一想你的公司经历过集体离职的现象了吗？第二、当公司有危难的时候，身边有几个员工能够站出来说要和你风雨同舟？第三、除了公司股东外，公司是否会出现你在的时候一切运转正常，你离开没几天就一切变样的局面？"

听了我的问题，朋友仔细思考，最终承认这些情况他都遇到过。

"那就是了！我看着他的眼睛认真地说："这就是企业能不能强大起来的症结。假如这几件事都得不到圆满的解决，你还指望公司始终业务良好，发展正常吗？管理者不是灭火器，而应该成为企业防火墙的设计者，让团队把企业当成家，每一天所付出的努力都是为了让这个家更加美好，那种感觉要比仅仅把工作当成一种谋生手段的感觉强上亿倍。企业是一个共同发展的平台，让团队里所有的孩子都富裕起来，头脑充实起来，思维开阔起来，那么谁还能阻断得了企业的迅猛发展的态势呢？所以做企业，不能只看眼前利益，要把目标放长远。先让员工看到希望和未来，企业才能拥有真正的希望和未来。"

曾经看到有一位老总在自己的书中写道："我的希望是公司每一个员工都是千万富翁，就连在卫生间打扫卫生的阿姨至少手里也能从企业得到几百万的存款。这样团队才能更稳固，整个企业才是一片欣欣向荣。"和那些把钱算计到钱眼儿里的领导者相比，人家的眼界和思想早已经高出了好几个维次，这样的人怎会没有成就？

思想的高度直接影响到一个人成就的高度，把眼光放长远，才能真正意义上拓宽自身的发展，做企业如此，做人也是如此。所以，不断努力地去学习思考吧！让自己成为翱翔于天际的王者，而非那个只能坐在井里，越活越没有余地的青蛙。

（2）最好的总结，就是和自己待一会儿

曾经问过一位老师父，怎样才能让自己生活得更有力量。老师父想了想说："假如事情已经落地成形，不论好坏，都放轻松。晚上临睡前，独自一人静坐内观，将自己一天的功过做一个总结，哪些好，哪些不好，心里都做到清清楚楚。第二天早上，躺在床上再想一次，然后将一切放下，因为新的一天要有崭新的面貌，过去给我们的只有经验教训，把它像粮食一样吃进心里，就等于在心里种下

一片福田，日积月累，幸福就会与你如影随形。"

　　时隔多年，我越来越觉得，老师父的话充满无上的智慧。当一件事情经过自己的一番努力尘埃落定，心里最应该思考的不是那些是是非非，悲悲喜喜，而是应该努力从中吸取养分，让自己在下一个人生阶段更加美好。

　　老实说，我是一个非常善于总结的人，每一天做了什么，有什么感悟都会用笔记下来，即便是深夜凌晨，不把这件事做完也是万万无法入眠的。休息的时候，我会尽量留给自己一些独处的空间，点上一枚小小的精油灯，放上舒缓的音乐，坐在沙发上边喝茶边思考。

　　这个时候我会问自己这样一些问题：

　　（1）这一周总体来说过得怎么样？计划都落实了吗？

　　（2）有哪些细节还有待完善？

　　（3）我对待事情的态度是否正确？

　　（4）有没有什么事情牵动了我的情绪？

　　（5）面对选择，我的每一个都选对了吗？

　　（6）我有没有在某些地方出现失误？

　　（7）我是否真的做到与人为善？

　　（8）下一个星期，我应该以什么样的状态面对挑战？

　　当问题一一地排列在那里，开始把自己的感觉和想法写在空白处。没有所谓的善恶褒贬，不带任何的情绪牵绊，而是站在冷静的角度去看待一切，用心与自己交流，完成一段又一段对话。

　　经过一番冷静的总结后，我会将最重要的部分用最简短的话总结出来，可能是一句话，也可能只有几个字，总之剩下的必然是浓缩的精华。我将这一切写在一张便条纸夹在钱包里，闲来无事的时候，就拿出来看看，将这一字一句深深地印在脑海里。

就这样一直坚持，时间长了，我发现自己的思想力和行动力有了很大的改善，做起事情来也更加得心应手，思维变得更有条理，说话也更加逻辑清晰。每当遇到难题，头脑就会快速反应出应对策略，以至于办事效率日渐提高的我，心中充满了喜悦的成就感。

哲学家叔本华在其《人生的智慧》中写道："只有当一个人独处的时候，他才可以完全成为自己。"这话说得一点不假，一个人独处的时候可以很好地看清自己，并很轻松地认识自己的利弊，对自己进行最有效的总结。我们不会担心这个时候被看穿，因为在独处的世界里，只有我们自己，而当自己面对自己的时候，是最不应该说假话的。

独处让我的生命充满了无尽的力量，当自己抛开诸多杂乱和干扰，一个人安静地与自己相处时，就会感觉心灵正在身体里安住，眼前的一切都变得无比安详和踏实。或许有些事情以前自己来不及想，但是今天有时间了，或许有些细节自己从来没有意识到，但是发现了，或许有些想法一直都不明朗，现在终于开悟了。总之，独处是一种全然美好的感受，它让我们更清楚地认识自我，也更坦然地接受自己。

记得有一次我一个人在佛堂诵经，一个员工在工作中与自己部门的同事沟通不畅，心里非常委屈，跑来向我诉说。我倾听她的诉说，然后温暖地看着她。用慈祥抚慰的眼神凝视她的苦涩和烦恼，努力让她感受到爱的力量。我们一起倾听佛堂里慈悲无边的《六字大明咒》，整个过程中彼此没有说一句话。十分钟后，这个姑娘终于从烦恼和抱怨中解脱出来，喜悦地对我说："崔院长，谢谢您，我知道都是我的错，是我想得太多，要求太多，才会有这么多的痛苦。从今天开始我要降低要求，增加自己的幸福感。"

用独处的方式多给自己留出一些空间，静下心来反观自己，倾听内在心灵的回馈，不断地对自己进行总结，崭新的自己才会破茧而出，散发出更新鲜的活力。一件美好事情的成形，就是这样在一次次总结中不断积累升华的结果。每天和那个渴望宁静的自己独自待一会儿，你会在它的映照下看到自己最真实的样子，而当惊喜接二连三地向你走来的时候，你就会明白这一切是多么值得，多么重要。

久于智慧

——生命一大乐事，找到自己与智慧的焦点

　　亚里士多德说：德可以分为两种：一种是智慧的德；另一种是行为的德，前者是从学习中得来的，后者是从实践中得来的。生命在智慧之光中绽放，情感在智慧之水间柔和。生命的一大乐事，就是找到自己与智慧的焦点。智慧在哪儿，我就在哪儿，先放下自我的无知，才能看到不一样的世界，坚定自己脚下的路，才能真正与那个心想事成的自己不期而遇。

第四章

定位——
抛开世间好与坏，我们先来谈谈自己

　　有没有问过自己，这辈子要成为一个什么样的人？他在此生将经历一番怎样的故事？纵使世间风云变幻，一心向着太阳升起的地方，天总会跟着亮起来。或许生命就是一个不断相信、不断坚持、不断聚焦、不断前行的过程，调动宇宙的能量来实现自我，时刻保持成功者的状态。高傲而坚定地抬起头，让整个世界为自己让路。

▶ 定力：
一心向上，让整个世界为你让路

　　人的定力对自己有多重要？他能在众人迷茫的时候，思路清晰，泰然自若。他能在诱惑的魔媚下，从容不迫，立场坚定。成功与失败不过是无常世间的昙花一现。心如明镜，映照着初始，也折射出未来要去的方向。这个世界上没有什么不能成就，只要一心向上，持守定念，就没有做不成的事情！相信吗？你自己就有这个力量，让这个世界为你让路。

（1）心定了，根基就扎实了

　　什么是格局？格局是你看待这个世界的眼光，格局是自己对自己自身价值的评估，格局是一种思维升华下自我胸襟的开阔。眼界越宽，格局越大，而仅仅看到了是不行的，想实现它，就要把它一步步定到现实中来，让它在时间的规划中一点点趋于稳定。正所谓万丈高楼平地起，再好的格局也需要根基，这个世界诱惑很多，稍微不注意，楼房就盖偏了。但是假如自己能够专注地先打好地基，即便是日后真的出现什么地动山摇的险情，也不要着急，因为自己对格局的根基有自信，只要格局稳定，未来就一定不会受到太大影响。

那么怎样才能让自身的格局稳定下来呢？首先最重要的一点，搞清楚这辈子努力的方向，然后不论发生什么都雷打不动地沿着这个方向努力，直到赢得自我成就的那一天。

曾经最欣赏的一位导演，李安导演的经历给我触动很大：

年轻时候的李安深爱电影，决定考取美国伊利诺大学的戏剧电影系，可毕业以后发现自己根本找不到工作，他拿着自己的剧本走遍了所有电影公司，始终都没有任何收获。

就这样度过了六年的时光，每天能找到的工作，只有帮剧组看看器材，做点剪辑助理、剧务之类的杂事。直到三十岁，李安还没有实现自己的梦想，每天没有正式工作，只能靠妻子微薄的收入度日，而那时候他们已经有了自己的第一个孩子。

正当李安决定放弃电影梦想，考虑其他职业的时候，妻子却很认真地对他说："李安，要记得你心里的梦想！"听到妻子的鼓励，李安万分感动，终于没有放弃，而且更加努力地研究电影，撰写剧本，最终成就了梦想，成为拿到小金人的华裔电影导演。

每每想到李安的经历，我都会对他和他妻子的格局意识深感钦佩。而后再联想自己，心里会由衷地产生一种共鸣。

很早以前，我就把从事美业定为我的发展目标。因为我是一个爱美的姑娘，心中对美有着强烈的渴望，也真心希望通过自己的努力能让身边人变得越来越漂亮。就这样我从一个对美业一窍不通的门外汉，开始一点点地学习，一点点地摸索。

其实一开始并不容易，我的资金不足，知识有限，在这个城市遇到的朋友也不多，为了能快速地发展，还经历过上当受骗的困境，这让本来就很拮据的我生活变得雪上加霜。那时候也有人说："开美容院哪那么容易，你以为做美容的顾客都好对付啊？稍微一个不留心，说不定就会遭遇人家劈头盖脸的训斥。这还算轻的，要知道你经营的可是人家最重要的脸啊，要万一真的出现了事故，你承担不了这个责任的，还是算了吧。"

那时候虽然压力很大，但好在自己都挺过来了。我告诉自己，想做的事情就要把心定下来，心定下来了什么事情都能解决，这是自我格局的根基，一定要把它打的扎扎实实的。于是我不但努力地学习美业知识，甚至把自己的脸当做试验田，将给顾客用的产品一样一样在皮肤上检验，确定没有伤害，才放心地用在顾客脸上。

为了能让自己的美容医院具备更权威、更专业的技能和实力，我独自往返韩国无数次，亲历当地各家权威美容医疗机构，与他们交流思想，畅谈合作。力求将每一个细节落实到精准，最终实现了名媛医疗美容产业的快速升级。回想曾经，我真的感谢自己没有放弃，尽管一路走来有太多的不容易，可如今再去品味，种种的心酸和苦涩总是在谈笑间一笔带过，因为我知道我已经收获了更多。

格局的根基在哪里？格局的根基就在我们心中。只要想得到，就定下这颗心，不顾一切的去实现。灵感对于每个人都是公平的，只要你相信，你就能把它变为现实。假如乔布斯只是脑袋想一下不去做，就不会有今天的苹果，而名媛也是如此，凡心中向往的，我们都能通过努力在现实中呈现出来，只要坚持不懈，只要根基扎实，越是有风雨，越是会使我们更加坚强。

（2）我敢在"得到"的怀里孤独

每个人都要在人生中独自走一段路，理想最初给予我们的不是耀眼的光环，而是无尽的孤独，在你没有成功之前，没有人会知道你经历了什么，也没有人会在乎，而只有你真正咬着牙挺过了黑暗，完成自己的目标，大家才会把聚光灯指向你，而这个时候的你才有资格感慨，微笑着告诉别人自己走过这一遭的经历。

所以古人云："天将降大任于斯人也，必先苦其心志，劳其筋骨，饿其体肤，空乏其身，行拂乱其所为也。"尽管年少的时候自己并不理解其中真正的含义，但当一个人经历了，成长了，心里就会明白，它确实是一个人走向成功之路的必修课程。

记得一次开长途车出差，我们总共前后两辆车，车上坐了8个人，一共有3个司机，计划6到7个小时到达目的地。可没想到行程中途，遇到了高速路修路，大家无奈必须改变车程路线，这时候两辆车也开散了，没办法同时停车，同时休息。当时我开的车上全是女生，而且除我之外没有合格的老司机。而跟对方约好的时间是第二天上午，因为下午他就要出差。

这可怎么办？为了不耽误事，我跟几个女生商量，决定一路不停车，直接把车开到目的地，可即便是这样，也要开13个小时的时间。起初大家还比较精神，有说有笑，都说自己扛得住。但五六个小时以后，就一个一个睡倒在后面，而这时候的我也很疲惫，为了不犯困，我努力尝试各种方法，念经祈求能量的加持、不停地找加油站，用凉水洗脸。就这样在后面的行程里，我这个身高1.58米，体重90斤的小个子，独自开着商务舱，在经历十次冷水洗脸后，终于独自把车开到了目的地，时间也没有晚，一看表才早上六点。回想这一漫长的旅程，那独自一人面对的漆黑之夜，再想想将安全全部交给我的几个小姑娘，心里终于松了一口气。

当大家知道我一个人开了这么长时间的车时，都纷纷心疼地下车给我按揉肩膀，舒缓头部。但我却从中悟出了一个道理。人生的旅途中，大部分时间都是在一个人面对问题，而面对这些问题的时候，不是每次都那么幸运能够找到帮你的人。假如选择放弃，你就等于放弃了成功，假如你不想放弃，那就只能选择前行。

孤独常常会给人带来一种无助的感觉，觉得自己的力量太小，连个一起出主意的人都没有。但事实上只要这时候的你选择坚持，那么自身强大的能量就会被激发出来，让你更加睿智，更有能量。也许在每个人的生命里都会有这么一段难熬的时光，在这场考验中的自己特别累，特别迷茫，特别想放弃。但是坚持住，熬过来，天就亮了，春天就来了。

正如这次车程，尽管要穿越漫长的黑夜，尽管瘦弱的自己要独自面对，尽管当时的我很累，很疲惫，面对黑暗很迷茫，但不管怎样，还是能在约好的时间准时到达目的地。这让我意识到，孤独并不可怕，只要耐住这番磨砺，就可以得到自己想得到的一切。

曾经听过这样一句话："不要在乎光在哪里，忍住漫漫黑夜里的孤独，始终朝着太阳升起的地方奔跑，天总会亮起来。"耐住孤独是成功人本该具备的素质，这个世界没有什么得不到，关键看你能不能把握好内心的这份定力。把黑暗定回过去，把光明定到明天。

▶ 聚焦：
两个以上目标等于没有目标

　　力量铺在一个面，面积越大能量越小，但是假如我们可以聚焦在一个点，能量就会凝聚起来，形成强大的穿透力，击碎困境，直达自己实现梦想的彼岸。所以人这辈子不要涉及太多的方向，看准一个点努力做下去，总有一天你会成为这方面的专家。

（1）能量有限，别乱撒网

　　有一次和同修喝茶，她感慨地说："爱丽，你说这个时代的年轻人不努力吗？我觉得也不一定，因为在我眼皮子底下就有很多非常努力的年轻人，可他们的人生却没有因为自己的努力而得到什么改变，你说是为什么？"我听了也是丈二和尚摸不着头脑，心想，只要努力怎能实现不了自己的目标呢？于是我下意识地摇摇头说："不知道，为什么啊？"同修拿起手里的茶杯，轻轻地将水撒在桌面上，又用壶斟了一杯新茶，对我说："就如这水，凝聚在杯子里，它有分量，但如果撒在桌子上，你还能感觉到它的轻重吗？之所以实现不了理想，主要还是因为自己把能量分散了。"我听了立刻觉悟，人生的力量有限，聚焦不了，必然无法成就。只有将能量聚焦到一个点上，才能更有穿透力直达梦想。

　　这让我想起了朋友公司两个都很努力的小姑娘。两个小姑娘在同一家公司，同样做设计，也同样为了生计努力地赚钱，下班以后还找兼职来补贴房租。第一个小姑娘找工作不分类别，只要工作给的工资高，即便自己对这个行业并不了解，也会努力接下工作。在短短的一年时间里，她做过外语家教、图书翻译、打字员、企划文案编辑等各种各样的兼职，每每谈到兼职这个话题，她都很得意，觉得在工作之余还可以感受一下其他职业的新鲜感也是件不错的事。但时间一长，我作为上司的朋友就发现了问题，这个女孩儿的本职工作开始越做越糟糕，连一些很明显的错误她都看不出来，开会的时候也是心不在焉，不知道在想什么。还没到下班时间就开始收拾东西准备走人，之后才了解到，原来是已经约好了一份英语家教的兼职工作。而在上班时间，她也很难全情投入，总是在查看一些与工作无关的资料。然后将资料复制下来做成文件夹，发到自己的邮箱里，之后才明白，原来也是为了那些兼职工作。

　　最终在接到一份客户投诉后，朋友忍无可忍，终于决定将这个女孩儿解聘，送她走的时候说话也说得相当不客气："你不是喜欢兼职吗？现在我就彻底解放你，你去尽情做兼职吧，这份工作不适合你，现在就给我走人。"于是这个女孩儿因为过分在意兼职，而最终失掉了自己真正的饭碗，尽管悔恨的泪水吧嗒吧嗒掉，一切也已经来不及了。

　　另一个女孩儿就要比这个女孩儿聪明得多，她也做兼职，但是对兼职有着自己明确的选择，只接与自己本专业对口的设计兼职。每天白天她认认真真做好自己的每一个工作细节，力求把自己的设计能力练就得炉火纯青，下班以后，她还是以继续做设计兼职来补课，用心地研究设计技巧、设计美学等多方面的专业知识，并不断向高人请教，在自身设计专业水平上有了质的飞跃。不到一年的时间，这个女孩儿就在朋友的公司脱颖而出，从一个基层的小设计，成为公司顶级的设计部总监。再后来，小姑娘离开公司成立了属于自己的设计工作室，生意做得风生水起，她所做出的每一个设计方案都让顾客相当满意，也因此在业内小有名气，拥有了更好的发展前景。

那时候朋友跟我讲起了这两个女孩儿的故事时说："人和人的差别就这么大，很多人说成功是不公平的，但我觉得成功很公平，关键看你怎么选择。同样的起步，同样是缺钱，同样是需要兼职，一个能量分散，最终只能被劝退，一个能量聚焦，将自己蜕变成了业内精英，怎么两个人差异就那么大？有时候我就想，人不能只看眼前利益，尽管市面上有很多看上去利益丰厚的工作，但那很可能是一份大量分散你精力，消耗你能量的工作，时间一长，能量是很容易被耗光的。但是如果你能集中精力做一件事，将所有的能量聚焦到一个点上，即便是一份再简单的工作，也能把它做出彩来，这绝对是成功的客观规律，顺应它，少有人不能成功。"

听了朋友的话我感同身受，每个人都有实现梦想的能力，有的人顺着明确方向一直走，为了心中的那朵紫金花，即便路上遇到再多诱惑，也不会停下脚步，最终想得到的一切就得到了。有的人一路左看右看，即便最终到达了目的地，心中向往紫金花也已经开败了。一个人的选择决定了他一辈子的成败，人生就是如此，切记别让能量过于分散，因为光阴有限，专注地去努力总要比无目的地乱撒网更容易实现梦想。

（2）滴水穿石，次第花开

有一次无意中上网看到了一个网友在贴吧里写下这样的文字：

"现实太残酷了，来北京闯荡那么多年，仍然孤零零一个人住在公租房里，按说现在薪水已经不算低了，却总感觉与这个大城市的繁华格格不入。有时候心里会想，管它那么多呢，刷爆信用卡买个包包自己先过个瘾，以后的生活再说，起码自己也能做个手里有名牌的女子了。可最终到了付账排队的时候，还是退缩了，这样的生活什么时候才算个头啊，难道自己这辈子真的就只能这样了吗？"

看了这段留言，下面的网友评论说：

"熬不下去就回家啊！只要你觉得可以放弃，就回到老家，去领一份一千多块钱的工资，继续住在拥挤不堪的房间，过永远都买不起口红包包的生活去。当然等到真谈婚论嫁的时候，你就将就着嫁，然后生一个和你要玩具你却买不起的孩子，只要你能为曾经那个坚持不住的自己买单，那么谁都不会对你有什么意见。亲啊！谁是随随便便成功的？人生最重要的是坚持，一心正念，才见水滴石穿，你以为那是一天的功夫吗？向着你想要的生活努力，不管有多难，都会咬牙坚持，这样才能赢得上天的青睐，赢得别人的敬重啊！"

看了这两段文字，自己内心感同身受，当梦想在一个人心里埋下幸福的种子，很多人都会满怀激情地走上憧憬之路，心想一定要努力，一定要坚持，一定要等着这颗种子开花结果。然而当困难降临到自己身上，眼前遭遇艰难的时候，有些人的心就开始动摇了，心想，这么努力干什么？努力了半天可能到时候梦想的种子还是会死掉的，与其这样不如自己找一条别的路走，说不定会更容易一些。于是他们偏离了预期的轨道，渐渐放弃了心中的对理想的渴望，只有不服输的人会继续选择坚持，他们用心呵护培育着这颗理想的种子，直到它生根发芽，成长壮大，结出累累硕果，直到自己获得丰收的喜悦，直到成为寻梦旅程中真正的赢家。

记得刚刚创业时的自己第一次经历了弹尽粮绝的生活，穷困潦倒到拿着存钱罐里仅有的一百块钱硬币度日，算了算时间，这一百块钱至少要撑一个月。于是我每天的菜只能是小卖部里2角的五香花生米，再配上1.5元一包的馒头就是自己一天的饭。那时候每天下班回家，闻到街边诱人的煎饼香，心里就会痒痒地想："假如能买一个多好，又解馋，又解饱。"但最终还是没有停下，径直蹬着自行车去菜市场，花5角钱，买下最便宜的豆芽，回去炒菜，这样不但能解决晚饭，还能够解决明天中午的带饭问题。

当时有几个同乡到出租房来看我，面对我的窘境，她们不住地摇头说："你这是干嘛呀！为什么要这么辛苦？即便是帮个城里人看小孩儿的工作，吃的也比你现在好，风吹不着雨淋不着，还有住的地方，不是挺好吗？你看看你现在都两年多了，把自己整得那么疲惫。这又何苦呢？"另外一个同乡说："我帮别人卖衣服一个月挣两千多，男朋友还给我钱花，再过一年多我就结婚了。你看看你天天苦成这样，连顿饱饭都没着落。你还这么年轻，但青春不等人啊，好好玩玩，谈个恋爱，要不然你以后一定会后悔的。"

听了这些话，我只是笑笑，但内心却很坚定，因为我知道自己想要的是什么，为了成为自己想成为的那种人，我会凝聚我所有的力量，因为我相信只要肯坚持肯努力就一定能够创造水滴石穿的奇迹。

就这样五年以后，我不但走出了困境，而且创业成果初见端倪，相比于那些收入勉强应付温饱的同乡姐妹，我已经在这个大城市有了属于自己的第一套房，而十年后，我又拥有了自己的美业连锁机构和团队，生活一步步开始朝着自己理想的方向靠近，而二十多年后的今天，一切美好如约而至，我拥有了幸福的家庭，拥有了可爱的女儿，拥有了良好的生活环境，和充足的财富储备，我终于成了我想成为的人。

水落在石头上的时候，伴随着滴答声，它的内心是柔韧而刚强的，今天经历的考验没有什么，那都会成为你日后享受幸福生活时的精彩回顾，当我们把全部的努力聚焦到一个点，就能拥有无坚不摧的力量。我们都是富有韧性的水滴，只有坚持到底，才能盼到次第花开的那一天。

▶ 善信:
我相信自己一直都在成功

其实我们经常受到内心的指引，意念中会有无数灵感显现。大多数人都知道自己最渴望成为的样子，只不过他们在能不能成为这件事上心生疑虑。其实这些都是没有必要的，要想实现愿望，人只需要学会相信自己，然后带着这份十足的信心，提前进入自己意念中的成功状态。这不是一件困难的事情，但却能给我们的整个人生带来无尽的力量。

（1）别拿憧憬，只当憧憬

有一次面试一个女孩儿，我问她："你对未来有什么想法？你觉得最终你能成为一个什么样的人？"她闭上眼睛想了想，开始向我描绘她的伟大愿景。"我想三年内在这座城市拥有属于自己的房子和一辆豪华轿车，我想最终实现财富自由，到世界的每一个角落走走看看，我希望有一天自己的银行卡里存满了一辈子都花不完的钱，我希望有自己的事业，这份事业恰巧就是我喜欢做的事。十年后，我希望自己已经是这份事业业内的佼佼者，当然最重要的是我希望自己永远年轻，拥有恒久的知性，至少每年要读够一百本书。"

　　我听了笑笑说："听起来还不错，你对实现这一切有信心吗？跟我说说你的计划好吗？怎样实现这一个个的目标？"她拨动了一下披在肩上的长发，表情突然有点尴尬地说："尽管我非常知道自己想要什么，但是说实话，想实现这些愿望实在是太难了。我这样一个刚从校园里走出来的女孩儿，没有背景，没有经济根基，经常觉得眼前一片迷茫，那些美好的愿景经常在我梦中浮现，可是我却不知道怎样去实现它。这就好比那句流行词：'梦想越美好，现实越残酷。'"

　　我听了这样的话，摇了摇头说："对不起，可能我这次不能给你这个工作机会了。"她听了这话顿时紧张起来："崔院长，我到底哪里做得不好？我可以改，我很在乎这份工作，无论如何求您给我一个机会。"我摊开两手说："不可能了，你连自己都不相信未来美好能成为现实，对自己的愿景充满着这么多抱怨和疑惑，又怎么能在工作中发挥出最出色的一面呢？我真的不相信你能够把这份工作当成事业来做。正如你说的，现实很残酷，但残酷的背后往往藏匿着无限量的可能，但你心中的悲观和抱怨很可能导致你无法接收到这层强大的力量。所以我也没有必要对你承诺太多，因为你无法对这种承诺深信不疑，而我也对你心中的疑惑爱莫能助。"

　　就这样，这个姑娘伤感地离开了，看着她的背影，我心里也是无比的惋惜，她的条件不错，学历也不低，但是我还是做出了最果断的决定，因为我知道人生最重要的一件事就是要相信自己，假如连自己都不相信自己会成功，又有谁能帮助你实现梦想呢？人只有先做到相信，让自己活在自己的信念里，才能拿出百分之百的勇气去努力、去实现，正所谓"我信故我成"说的就是这个道理。

　　人生有时候就是这么奇妙，假如我们的思想不在自己的掌控之中，很可能会在我们的生活中制造各种各样的困境，正所谓"怕什么就来什么"。你越是害怕忘带钥匙，结果就真的忘了，你越是心里想："万一失败了怎么办？"它就偏要让你失败一次看看。一件事在各种担心和不自信状态的包围下，结果往往都不尽如人意，你越是对生活充满担忧和抱怨，它就越会用倒霉来惩罚你，而很多人在接受了这样的惩罚之后，还是不知道自己错在哪里。

著名学者郎达·拜恩曾经这样感慨道："我们都在受一个威力无穷的自然力量支配，那就是吸引力。"人的意念是强大的，它犹如一块磁铁，可以在无形中吸收到来自这个世界上的各种能量。我们生活中所发生的一切，往往都是我们自己内心的映射，快乐与悲伤、肤浅与深刻，你的意识总是可以在有形无形间吸引那些与你思想相符的东西，这种意识之下的引力可以吸引到所有与自己当前力量同类的事物。每个人都有心想事成的能力，关键看你怎么有效地经营好你的思想和意识。

既然人本身就是能量的载体，上天也把选择能量的权利放在我们自己手里，为什么不去好好珍惜，并不断地努力将美好的一切吸引到自己的世界呢？如果我们可以坚定自己的信念，对明天的美好深信不疑，并不断地朝着这个方向努力，那么明天必然会给你带来丰厚的回报。

所以要相信自己是完美人生的创造者，假如人生是一场电影，那么一定要让这场电影里的每一个镜头都充满能量和情感。将一切美好的情景纳入自己的思想，然后带着深信不疑的坚定一步步地去落实吧！对于这件事，不要忧虑，不要抱怨，也不要回头，因为只要你带着满腔的热忱朝前走，美好就在身后跟着你，直到永远。

（2）让整个宇宙都来帮助你

每到春节前夕，我总是会一个人在家中做一项非常周密的作业，这种习惯已经沿袭了很久，而且对我的帮助非常大。

首先我会对自己一年的情况做一个总结，然后开始动笔写下新一年的计划，比如：这一年事业要提升到一个什么高度？每一个月都要坚持读上多少本书？每天要拿出多长时间进行体育锻炼？要享受怎样的度假旅行？银行卡里的数字至少要增加到一个怎样的数额？在这一年里至少要完成多少件善事？要帮多少位团队成员实现梦想？要在哪些学习项目上加大投入？自己要在哪些地方完成自我蜕变?

问题问完以后，我会在每一个问题的后面加上倒计时的时间节点，以此来敦促自己一定要完成自己记录下来的所有愿望。然后合上本子，深呼吸，一种幸福的感觉油然而生，我不断地用暗示的方法告诉自己："现在你已经活在了你所规划的美好蓝图中，要坚持，坚持成为心目中那个美好的自己，现在你已经开始美好了，这是一件多么快乐的事情啊。"

就这样，我带着新的一年最美好的计划和愿望走上征程，并对这一切的实现深信不疑，时间一空下来的时候，我就会走进佛堂，摊开自己的计划认真阅读三遍，然后闭上眼睛调整呼吸，将这一切美好的事物映入脑海，努力暗示自己："它们正在实现，它们正在实现，坚定信念的你，已经赢得了宇宙最伟大力量的帮助，一定要坚持，坚信，一切美好就会一个一个走进你的世界。"

在一次次暗示中我感受到了强大力量的加持，每当双眼睁开，身心就会充满无尽强大的力量，宛如已经看到了成功的现实。我开始更加有激情地投入到工作和生活，开始努力完成自己计划中的每一件事，即便是遭遇困难，也会不断地告诉自己："这不过是考验，翻过这座山就能看到彩虹了。"就这样，我每一次都可以顺利地完成计划，而人生就在这样不断强大的自我暗示中，实现了一个又一个的飞跃。

师父说："人的心灵是一个内在的小宇宙，这个宇宙与天地是相感应的，只要自己的心定下来，相信自己所能成就的，宇宙的力量就会受到感召来加持你，帮你实现心中所想实现的一切。这听起来，很虚幻，但却是永恒不变的真理，它是宇宙能量的规律所在，掌握了这一规律，你就能实现自己想实现的愿望。"我把师父的话深深地记在心底，不断地给予自己暗示，不断地用正能量与自己交流，不管当下的自己正面对怎样的挑战，我都会不断地对自己说："一切都会好起来的，我一定能完成自己要完成的目标，宇宙是爱我的，我也是爱宇宙的，所以拜托，让我成为最好的自己。"

在我的这种习惯感召下，团队的很多成员都开始用这种方法为自己设定目标。每一天早晨，他们都会给自己几分钟进行冥想，用自己的真诚与自己内心的小宇宙沟通，告诉自己在这崭新的一天里，我要做一个幸福快乐的人，要对每一个顾客奉献爱心，要将每一件工作做到完美，因为自己正在向着伟大的终极目标不断迈进。而这种人生策略确实收效甚快，在这样强大的自我暗示下，每天的她们看起来都更加优秀了，而且充满活力和信心，即便是遇见一些困难，也不会影响到他们的心情。而最终，每一个努力的孩子都看到了自己坚持的成果，全公司每年都有相当一批数量的孩子实现了自己阶段性的胜利，并获得了企业的明星奖励，这让他们对自己的明天更有信心了。

有一次店里的一个女孩儿感激地对我说："崔院长，你太伟大了，创造出这样富有力量的暗示技巧。我现在觉得我的每一天都充满了力量，对于明天也不再迷茫。我现在也坚持每天写日记，把自己的目标作为大大的标题列在上面，并不断写出文字鼓励自己。每天早上照镜子的时候，都会用真心去赞美自己，告诉自己：'未来的你一定会感谢今天持之以恒不懈努力的自己'我现在已经实现了自己的第一个目标，拥有了一套自己的房子，下一个目标是我要送父母一套房子，让他们为我的成功而开心骄傲。"

听了女孩儿的话，我的心里非常欣慰，能量是互相吸引的，我很开心能够将这种美好强大的吸引力传播给更多的人，让更多的人和我一起在宇宙能量的加持下越来越幸福。人生的过程，本应如此，不是在享受成功，就是正走在落实成功的路上。让每一个目标成为必将实现的惊喜，只要自己相信，整个宇宙的力量都会汇总凝聚起来帮助你，让美好在自己的意料之中如约而至。

▶ 管理：
不出五年，用管理改变人生

真正巧妙的自我管理，绝对不会只注重眼前利益，而是把目光驻足在更远的地方，即便是人生中真有所谓的捷径，那也远远没有内心规划好的伟大远景重要。找到自己的格局，定下心，妥善地管理好一切，只要你真的懂得自我经营的艺术，出不了五年，人生就会有翻天覆地的变化。

（1）有一种赢，叫有选择地过人生

人这一生，究竟怎样才算真的赢呢？每天走在街上，看到那么多为未来、为家庭奔波的人，不知道有多少真正过的是自己想要的生活。曾经有一位同乡感慨地说："爱丽啊，我们不比你，你现在已经是有了成果的人了，我们每天即便是再累，也得想办法找活干，要不然孩子怎么办？家里到处都需要钱，说真的，很多工作我真的不爱干，可也没办法，现在找工作多难啊！花钱的时候特别容易，但赚钱真的比登天还难。"

我想了想问："你说这座城市里有多少人过的是自己想要的生活？"闺蜜听了撇撇嘴说："别逗了，想要的生活？过想要的生活得看你有没有这个资本，我倒想

开跑车住别墅呢？手里没钱梦都梦不到啊！哎！你就说现在的年轻人，一毕业俩眼一抹黑，好多人磕破了头都找不到工作，最后没办法，干的都是一些中专生都能干的事情。你说上了半天学有什么用？"

"这跟钱关系有那么大吗？"我继续好奇地问。闺蜜冷笑说："怎么没关系？即便是老祖宗说要安贫乐道，但人家说的是一种与世无争的人生境界，并不是不让人积极进取。如今的社会，你安于贫穷试试，只要家里真有一个人得了大病，立刻天崩地裂，到时候还怎么安贫乐道？更别提过什么自己想要的人生了，你连吃饭的钱都没有，怎么感觉人家那种人生境界，都是瞎掰的。"

听了闺蜜的抱怨，我没有过多地发表自己的看法，在我看来人生真正的赢，不在于你拥有怎样的地位和财富，而在于你这辈子终于找到了自己喜欢的事情，而这件事恰恰可以用来谋生。我们可以永久地沉浸其中，一边享受快乐，一边全身心地工作，在做出成果的同时，拥有丰厚的物质回报。这种生活状态，才算是真正的赢了。

经常听到一些小年轻抱怨："我现在都吃不饱饭，我还有什么选择？我还有什么资格选择自己想要的人生？"每每听到这样的话我都会摇头。回顾成功者的心路历程，很多人都是白手起家，两手空空闯事业。就连清朝被称为红顶商人的胡雪岩，最初也是靠倒卖粮食攒下的手里第一笔钱。要我说，一个人有没有资格选择自己的人生，关键在于你有没有做好自己的定位，如果你想开一家属于自己的星级餐馆，再没钱也可以削尖脑袋找到一家自己最倾慕的餐馆打工，哪怕就是端盘子你都能从中学到很多东西。假如你未来想成为一名优秀的形象造型师，那就先找一家一流的店面去做学徒，因为所有高端的造型师都是先从学徒工做起的。如果你想成为一位优秀的企业家，那最好的方法就是找一家麻雀虽小五脏俱全的创业公司，不在乎钱，不在乎工资，努力辛勤地一边工作一边学习，三年之后你就会看到自己与众不同的样子。

每个走在成功路上的人，都必然会经历从没选择，到有选择的蜕变。起初我们可能会对自己不满意，不满意自己现状，不满意自己的出身，不满意自己的收入，也不满意自己的相貌。但正因为有了这份动力，我们才会下决心在有限的生命中不断改变。是啊！我们都要改变，也都在改变，所有经历过的事，所有你做出的决定，沉淀下了你的昨天，也在无形中造就了你的明天。

每个人都有实力拥有美好的未来，也都有资格过上自己想要的人生，但首先要做的事情就是对自己的思想、选择和目标进行有效的管理。或许有些时候我们会觉得想做自己真难，但是假如我们换一种思维方式，把它看作是一种坚持，或许就要容易得多。必定做自己再难，自己还是自己，总比成为别人的翻版要好得多。既然人生真正的赢，就是拥有做自己的资格，那么它绝对不会是一种简简单单的得到，但即便那么难，你还是始终走在做自己的道路上，这是一件多么了不起的事情。

三毛曾经说过这样一句话："若是心中不喜欢，百万富翁也不嫁，若是心中喜欢千万富翁也嫁。"原理很简单，找到自己喜欢的事，爱自己喜欢的人，然后用心地进行自我雕琢，一边爱自己，一边去努力，但凡是自己爱的，就紧紧地把它抓在手里，但凡是自己不爱的，即便再丰厚的诱惑也视而不见，人生就是这么简单，想快乐也很容易，关键看你怎么想，有没有好好地管理自己。

（2）能量内耗其实很可怕

因为曾经走过一段孤独的路，遇到伤痛的时候找不到可以倾诉的知音，所以有一段时间自己觉得对于朋友，最好的关心就是做他的忠实听众，用心倾听他的故事，成为他宣泄自我的出口。但随着自己一天天走向成熟，我开始意识到，这种结交朋友的方式是不可取的，它不但会在时间上消耗自己，还是一种自我能量的内耗，假如你没有强大的定力，很容易受到对方的影响，将本来刚刚平稳下来的自我，再次开始凌乱起来。

我有一个心理医生朋友，一次吃饭聊天的时候，我对他打趣地说："你们心理医生现在非常受尊重啊，一有不开心的事情就会找到你们，把你们当成可以解决问题的活菩萨，好像一见到你们就充满力量，真的让我钦佩不已，说实话，我真的好羡慕你，假如我也有这样的力量该有多好？"

听了我的话，这位朋友笑笑说："如果你没有百分之百的定力，在意识中正确划分好自己的世界和对方的世界，你会很容易受到对方的影响，明明美好的一天一下子就变得昏天黑地，不但无法把对方带出黑暗，自己也会站在那里跟着淋雨。爱丽，你能想象到吗？这是一种怎样的能量内耗，如果一天见一个病人还好，假如一天要见到好几个受到不同问题困扰的病人，在你感性胜过理性的不稳定阶段，你将会受到怎样的影响啊！你不是懂得吸引力法则的道理吗？你想想我的工作性质就会明白，保持自己内心永恒的正能量到底有多难！"

听了他的话，我内心深受震动，随后也深刻地理解了。生命中有很多可以消耗我们能量的人和事情，他们可能就在你身边，而且正和你保持着很亲密的关系，但不知道怎么，只要一碰到他们就是一股脑的负能量，以至于一接到他们的电话和短信，内心就开始紧张，一天的好心情顿时变为了晴转多云。

我曾经就有个朋友关系一直非常要好，但在交往的过程中我发现，这个人给我造成了大量的精神内耗。每次和她通电话的时候，她都是一堆的抱怨，起初我还会耐心劝解，为她提供一些解决问题的方案，但后来感觉这一切都不起作用，她想要的就是找到一个人宣泄自己的负面情绪。当时间一分一秒在我眼前流失，老实说心里真在隐隐作痛，本来准备十一点前准时入眠的我，到了凌晨还在那里被迫地举着电话，明天的事情已经满满地排在那里，如果明天状态不佳，无论对脑力还是体力都是不小的挑战，我真的很想打断与她的交流，却不知道怎么开这个口。

就这样到了凌晨两点，挂断电话的我，好不容易才把身体拖到了床上，而白天工作的时候觉得头总是昏昏的，怎么也提不起精神。就这样一而再再而三，不但我自己对她的追魂夺命 CALL 越来越恐惧，就连老公看到我疲累的样子都着急了，他敦促我赶快挂掉电话，并很严肃地对我说："爱丽，这样的朋友实在太耗人了，开心的时候不找你，只知道给人传递痛苦，每个人活着都很不容易，为什么还要因为别人的痛苦消耗自己？更何况你已经告诉了她解决问题的方法，再拿着电话说个没完有什么意义呢？"

听了老公的话，我觉得很对，每天有那么多的事情要我去做，每天有那么多阳光的人可以给予我力量，我为什么要用别人的痛苦惩罚自己呢？这不是自私的问题，而是一个拒绝自我内耗的过程，想让自己活得更轻松，先要从管理好自己的时间和能量做起。

著名诗人鲁米曾经这样说："不要和一位忧郁的友人长坐。当你去往花园，你是去看刺还是去看花呢？花更多的时间是和玫瑰与茉莉在一起的。"世界如此美好，自己欣赏都来不及，哪有那么多时间在那些负面的事情上消耗自己，想让自己更幸福，更轻松，更喜乐地活着，首先最重要的一点就是要学会有效的规避不必要的能量内耗，将自己全身心地投入到有意义的事情上，每个人的时间都很宝贵，不能总用它去倾听无休止的抱怨。

第五章

个性——
打造最有面儿的品牌效应

　　生活中有人问我："爱丽姐，怎样才能拥有成功？"每到这时，我总是俨然一笑，因为成功的路有千千万种啊！回顾往昔，一路走来的经验让我意识到，真正成功的真谛就在于找到那个真实的自己。专注地去做事，勇敢地去超越，找到自己擅长的方向，追求自身完美的品质，这不就是对自身品牌的打造吗？每个人都是自己的总设计师，有了独一无二的自己，往往就有了想得到的一切。

▶ 天赋：
有特长的人，头上都自带光环

每个人来到这个世界上的时候，上天都为他准备了一份厚礼，这份厚礼就是在他身上所蕴含的天赋。人生是一场奇特的旅行，找到自己内在闪光的金子，它足够可以让你受用一生。不要说自己没有天分，不要觉得自己太过平凡，当你的独特在人前大放光芒的时候，你一定会惊讶地说："想不到自己还有这么一双神奇的翅膀"。

（1）所谓天赋，就是让你不累快乐去成功

很多人觉得生活在这世界上很辛苦，不知道怎样才能轻松快乐去成功。对于这个问题，我也想了很久，最终总结出来一个方法："向内挖掘，找到属于自己的内在天赋。"

在我们的灵魂深处，都储存着一个丰富的宝藏，它的力量无比强大，可以帮助你实现各种愿望。然而我们的生命是有限的，需求也是有限的，想在有限的时间内充分享用其中的全部宝藏并不容易，但聪明的人总是可以快速地找到一条与宝藏完美链接的途径，这条途径就是我们自身的内在天赋。

当一个人来到这个世界上的时候，上帝赐给了每个人一份厚礼，用心地安排好了他们的职业，只要他们愿意付出努力，用心地去挖掘，总会寻觅到属于自己的成功。但遗憾的是，很多人在关键时刻却放弃了。他们一边抱怨着没有选择，一边把自己本应选择的一切放到了一边。从此背上了无比辛苦的人生，开始一段自己并不喜欢的旅程。

生活中我们经常听到老人这样评价年轻人："这小子天生就是干这行的料。""我敢肯定祖师爷是看上他了。"这明明就是在说："你要在这方面好好下功夫哦！你在这个领域很有悟性和天赋。"正所谓三百六十行，行行出状元，只要自己选好了定位，就不要轻易地放弃，因为我们手中有自信的资本，那就是天赋。

三年前和老乡一起吃饭，只见饭桌上的他一脸的愁容，于是我好奇地问出了什么事，他无奈地苦笑说："还不是因为我那不懂事的儿子。"

老乡告诉我，儿子本来是考上了重点医学院校，可前段时间未经父母允许自己就擅自退学了。问及原因，儿子的答复是："在这里太没劲了，我对所学的内容一点都不感兴趣，我喜欢的是语言，随随便便就搞定英语专八，你能想象吗？语言对我来说不费吹灰之力，如果是这样，为什么非得在大学浪费时间，抓紧时间多学几门语言，未来的我照样出类拔萃。"

老乡越说越气不打一处来，可我却觉得这个男孩儿很可爱。人生的成功不仅仅只有上大学这一条路，假如自己真有天赋，翻译又是自己最喜欢做的事，只要坚持下去前途未必不明朗，于是我问现在老乡的儿子在干嘛。老乡叹了口气说："哎，还能干嘛？买了一屋子的书在那里看，全是外文，什么英语、法语、日语、韩语的，你也不知道他要干嘛？回头学着学着脑袋都乱了，再生了病，我可不伺候他。"

"那就是了，说明他并没有荒废人生啊。"我禁不住要为这个孩子说句话："我觉得只要他坚持下去，未来的前途说不定要比顺利从医学院毕业还好。关键是孩子喜欢，为什么要勉强他做自己不愿意的事情呢？有句话说得好，条条大路通罗马，谁说他选的就不是走向成功的道？"

三年后，我的推断得到验证，这个男孩儿在三年内学会了几门外语，各个达到了精通的水平，当他自信自己已经可以把语言掌握到炉火纯青的地步，便和几个志同道合的小青年开启了国际语言翻译公司，每天的订单络绎不绝，很快就在业内小有名气，据说前段时间翻译的韩国小说，还拿了一个翻译大奖。

当我再见到老乡的时候，他的脸上神采奕奕，一提到儿子腰杆总是挺得直直的，一边微笑，一边得意地说："这小子一个月现在不少挣，也不知道这本事遗传的谁，总之是越来越上道了。"

男孩儿之所以会成功，主要原因在于他清晰地明白自己有什么，也深刻地知道自己想要什么。他在关键时刻紧紧地把天赋抓在了手里，让自己可以带着兴趣前行在成功的路上，这就是天赋对于一个人的魅力所在。人生在世最幸福的事情莫过于做自己想做的事，越是喜欢，越是有兴趣，就越可以轻轻松松地落实成功，最大限度地实现自身价值。

如今很多年轻人面对职业的时候都很迷茫，不知道自己有什么，更不知道自己该干什么。对于这样的情况，我只想简单地告诉他们：想要成功，首先要做的就是努力地了解自己。清晰地列出一个单据，将自己有的、没有的、通过努力可以实现拥有的统统都写出来。然后再根据自己挖掘出来的特质，对号到招聘网上寻找一份可以锻炼自己的工作，或许起初你并没有意识到这份工作对你有多重要，但是当你切实地从中找到了自己的兴趣，生命中的每一天就会因此绽放出绮丽的光彩。

有句话说得好："天生我才必有用。"世界每天都在变，我们唯一能够把握的就是自己手里的优秀特质，努力地将自己的天赋挖掘出来，真切地看到自己的与众不同，你就会发现原来自己生命中还安插着这样一双翅膀，它可以带你去飞翔，轻轻松松飞在成功的路上。

（2）什么是最适合自己的谋生工具

一次看电视，关注到了地产大亨潘石屹的专访，在专访中他谈道："当我拿到人生的第一桶金后，很多人建议我可以尝试新的投资方向，有人让我造汽车，有人让我做网络，甚至还有人鼓动我去做航天，但我思前想后，觉得这都不靠谱，因为自己最擅长的事情还是盖房子，而且从心里真心地喜欢盖房子，所以最终决定，我还继续去盖房子吧。"

虽然对方并非语出惊人，但对我的触动很大，他让我意识到，所谓最佳的谋生工具，与薪资和地位无关，而是跟自己喜欢不喜欢有关。假如自己的职业能和兴趣保持一致，我们便将其称为事业，假如职业和兴趣都不在一个调上，即便是薪水再高，那也不过是一种谋生的手段。这也是为什么有些人每天朝气蓬勃，有些人每天浑浑噩噩。

当我们离开象牙塔的那一刻，一所崭新的大学就无形地向我们敞开了大门，它的名字叫作社会，而分到不同的专业就细化到了你所从事的职业。在人生的漫漫旅程中我们的大部分时间都是在工作中度过的，因此工作给我们带来的不应该仅仅是一份薪水，更多的应该是内心的那份成就感和幸福感。

曾经有人问我："爱丽姐，梦想和实现之间到底有多难。"我想了想，很认真地告诉她："其实实现梦想一点都不难，先找到最适合自己的谋生工具，然后精益求精地把事情做好，出不了五年你就能成为业内的专家。"

我认识一个女孩儿名叫楠楠，身材娇小的她，毕业于名校，由于成绩优异，人还没走出校园就已经接到了好几张录取通知书，都是很有发展前途的大公司，但身为金融行业工作的她一点都不喜欢，相比之下她更喜欢音乐和美食。她告诉我，她最想实现的梦想不是银行里有多么惊人的数字，而是到不同国家看不同的风景，品味当地最地道的美食，并将其依依学会，分享给所有自己认识和不认识的朋友。

为此，楠楠创建了自己以美食为主题的微信公众号，在公众号里，不但有她寻访各地搜罗品尝的美食照片，还有她对每一道美食的品后评价，而后更惊爆的是，她还会亲自下厨，录制视频，教会粉丝这道菜的做法。在这个虚拟的小世界里，楠楠不但是一流的美食家，还是一位可爱的风味大厨，不到一年，公众号里的粉丝就超过百万，很多有名的餐馆纷纷向她发来请帖，邀请她一同品尝名菜，并对自己的餐馆进行推广。楠楠也因此开启了人生的崭新一页，创办了自己的美食广告公司，生意异常火爆。她不但实现了自己走遍世界探访美食的愿望，还将这件事变成了最适合自己的工作，活泼开朗的她，结识了一大帮志同道合的事业伙伴，大家每天在一起开心快乐地工作，为了自己的兴趣，也为了大家共同的梦想。

一件事，交给一个不感兴趣的人做是受罪，但交给一个很感兴趣的人他就能从中得到享受。最适合自己的谋生工具，可以让自己在工作过程中寻找到更多的快乐，同时也可以在兴趣的指引下更好地提高工作效率，提升自身的职业高度。所以不管未来的世界会变成什么样子，你最爱干的永远都是最适合你谋生的利用工具。

一个人，一旦发现了自己爱干的事，就会忘记时间空间，来不及去考虑其他的欲念，他会在不断的钻研中寻求升华和改变，他会把一切看作是很有趣好玩儿的事情。那种情感，就好比古人诗里说的那样："衣带渐宽终不悔，为伊消得人憔悴。"一个人可以为自己深爱的事业尽忠，却无法在自己不感兴趣的事情上得到满足。所以给自己几分钟静静思考一下，在你有限的生命中，你最想做的事情是什么？你真的已经深深地爱上它了吗？如果答案是肯定的，那就毫不犹豫地冲出去做吧，因为那才是你最该做的选择，错过了一定会后悔，但仅仅把它抓在手里，人生就会越走越美。

▶ 专注：
你的使命容不得半点差错

一件事要么不做，要么就把它做好，认真的人对每一件事都会精益求精，不会让任何其他的事情分去自己凝聚的力量，之所以如此不断地渴求，只因为内心身负的那份使命感，每个人都在为自己做事，都在对自己负责，每一个作品都是自己内心世界的折射，谁也不想让自己的人生因为一时敷衍而沦为他人眼中的残次品。

（1）认真的人，嘴里没那么多"随便"

现在人与人之间的交流中总是有意无意地溜出这样一句口头禅："随便，怎么都可以。"对于"随便"这个词，人们大多把它用在客情上，暗示对方不要紧张，自己没那么挑剔，是很好相处的。

但对于一个认真的人来说，"随便"这个词是绝对不会轻易说出口的。在他们眼中，但凡是规划好的事情，就一定要无条件无理由地贯彻执行。要做就要做到最好，不然就干脆不做。

在我看来，对于任何一件事，都可以进行三个层次的划分：

第一、你去做了吗？

第二、做出结果了吗?

第三、做出极致了吗?

假如一个人只做到了第一步,那么在他的眼中,那无非是一件事情。假如把事情做到了第二步,那也只能说他可以做到持之以恒,但假如他能力争做到第三步,那说明他是一个对自己很有要求的人。这样的人不论从事什么行业,不管走到哪里,都是最受人欢迎的那一个。

一个人能不能成功,未必一定要在大事上才能品味出他的才华,因为生活是由一连串的小事组成的,认真的人会努力完成好生命中的每一个细节,越是追求极致,越是要求精准,在他们眼中,一切抱怨和理由都是无能的表现,真正明智的成功策略只有做,努力做,专心做,精致做,带着成功者的心态去做,直到把它做到无可挑剔。

这时或许你会说:"人活着已经很累了,为什么一定要那么较真呢?一切不过是小事情,一定要对自己那么苛刻吗?"是啊,一切不过是小事情,但人生就是一个小事情接着又一个小事情。细细想来,人这辈子经历的大事有限,但小事却是连绵不断的,如果你真的对这些细微末节的小事降低要求,那么很可能你放弃的将会是自己的整个人生。

曾经在书里看到这样一个故事,令我深受启发:

一个科学家,发现了一条真理,为了验证它的真伪,它让这条真理经历了无数次的可怕验证,并设计了无数严格到苛刻的实验项目,以至于最终差点把它送上断头台。经过这样反复的折磨和蹂躏,真理很难过,它向科学家抱怨说:"您发现了我,为什么要这么对待我?"而科学家一边做着实验一边回答:"因为你是我的孩子,我对你必须高标准的要求,因为我希望即便是我不在世了,你依然可以屹立不倒,永恒的在这世上造福生命。"

每每读到这里，我都很受触动，人生一世，最美的样子莫过于他认真的样子。一个认真的人，心中的目标是非常明确的，一件事情从一个念想到逐渐成形，他们在每一个细节中，都倾注了自己百分之百的专注和耐心。他们希望事情落实得与自己想象的一样好，所以付出行动的时候一定要力求完美。

我有一个店长，就是这样一个对自己相当有要求的人，在她的人生字典里从来就没有"随便"两个字。每一天她都会对自己的工作进行认真的安排，力求每一个细节都要做到无可挑剔，她给每一位顾客都建立了详细的档案，并针对其不同的服务项目逐一优化到每一个细节。

在下属眼中，这位店长是一个思路清晰，要求严格的领导，一件事不做则已，做就要做到力求完美。大家从来没有从她嘴里听到过模棱两可的回答，雷厉风行是她惯有的工作作风。在她严谨的管理下，大家谁都不敢马虎大意，即便是再微小的细节也要努力做到精益求精，也因此获得了大量客户的认同和好评，大家都说："在这家店接受服务，真是一种最极致的享受"。

一次去她店里视察，看到她专注工作的样子，我笑着问道："为什么要那么较真啊！你觉得你跟别人有什么不同吗？"她笑笑说："我没有较真，只是认真，我不但要对别人负责，更重要的是要让自己心里踏实。如果真要说有什么不同，那我想也不过只有两点，第一，我非常知道我想要什么，也知道怎么去得到。第二，面对手里的每一件事，不做则已，要做就要把它做好。"听了她的话，我满意地点点头，拍着她的肩膀说："怪不得从你嘴里从来听不到一个'随便'"。没想到她的表情突然严肃起来，认真地对我说："在认真者的世界里，没有半个'随便'可讲！"

这个世界没有随随便便的成功，只有对自己从未严格要求的人。当我们全情投入到一件事情当中的时候，最想达到的目标一定是把它做好。假如这个时候脑袋中冒出一个"随便"，那很可能精品就在我们一念的懈怠下功亏一篑。所以从今天考试开始，不要再轻易把这个词挂在嘴边，我们不需要多余的解释和理由，因为在认真人的世界里，最不该有的就是它。

（2）不分心，将精神融入精品

曾经在一本书上看到这样一个故事，让人印象深刻：

法国知名作家莫泊桑小时候遇到了著名作家福楼拜，他得意地对这位大作家说："我每天的生活安排得可丰富了，我上午用两个小时来读书写作，然后再用两个小时来弹钢琴，下午会花费一个小时跟邻居叔叔一起学习修理汽车，然后用三小时踢足球，到了晚上，我会去烧烤店学习怎样制作烧鹅，每到了星期天我就会跑到乡下去种菜。"福楼拜听后微笑着说："我的生活也很丰富，我每天上午用四个小时来读书写作，下午用四个小时来读书写作，晚上，我还会用四个小时来读书写作。"

听了这话小小的莫泊桑好奇地问福楼拜："那你的特长是什么呢？"福楼拜淡定地回道："写作。"这时候莫泊桑一下悟出了一个道理："原来特长便是专注地做好一件事情。"于是，莫泊桑听后自愧不如，立刻拜福楼拜为文学导师，和他一样专注地从事读书写作，最终取得了丰硕的成果。

我常常跟身边的员工说："一个人在一个行业用心做五年以上，那叫专业，十年叫权威，认真负责地做上 20 年，大多能够成为业内相当有影响力的人物，关键看你有没有坚持。"这个世界如此美好，不管你深入到哪个领域，上天都会给你成就的机会，只要你能够对它长时间地保持专注，就一定能从中收获意想不到的惊喜。但纵观历史，真正在自己领域做出成绩的人总是屈指可数，大多数人在时间的长河中并没有留下自己的名字，主要原因恐怕还是在于自己没有完善好自己的专注力，也没有真正意义上把自己的精神全身心地融入到铸就精品当中。

不专注的人总是会在很多事情上分心，最终将本应集中的力量不断分散，不但自己脑袋一团混乱，就连想帮助他的人都不知道怎么帮他。

我曾经就遇到过这样一个男孩子，当时他正在做保险，恰好我有这个需要，便找他咨询，当时对他印象很好，觉得他认真细致，很有朝气，离别时一边送我一边说："大姐，如果有什么人需要保险，您一定介绍给我啊！"我笑着点点头说："放心吧，如果能帮到你我一定会帮的。"

就这样过了大概半年的时间，有一个朋友说要买保险，我一下子想起了他，就赶紧给那个男孩儿打电话，告诉他我有生意介绍给他。结果只听电话那头抱歉地说："大姐，我不做保险了，我现在在做保健品，您有朋友需要可以找我。"于是我很遗憾，只能说："好吧，等我有朋友需要一定照顾你生意。"

又过了一段时间，我与朋友聊天时，听到朋友想购买保健品，便给这个男孩儿打电话告诉他有生意，结果对方又是一通抱歉说："大姐，我现在在做服装，开了自己的微商店，您有朋友需要服装的可以来找我。"这一次，我态度冷淡了，认真地告诉他："小伙子，一个人想在这辈子做出成绩，最好的方法就是专注于一个领域，把它做精做好，假如你能够花长一点的时间用心经营一项稳定的事业，恐怕现在早已经大有发展。但现在的你却总是停留在那崭新的第一篇，让人想帮忙都不知道怎么帮啊！"

回顾小时候的语文课，令我印象深刻的就是《卖油翁》这篇课文，一枚铜钱，放在油瓶上，透过钱孔往下倒油，钱孔四周却丝毫没有沾着，问其原因，答案很简单："熟能生巧，巧能生精。"

一件小事，要想把它做好、做精，也不是容易的事，假如我们每个人，一生都专注一件事，力求把这件事做好，做成精品，那么我敢相信，当前的世界一定会有一个大跨步地飞跃。然而遗憾的是，立志把事做成精品的人实在是太少了，更多的人路还没到一半就让自己转了弯儿，变来变去的不知道拐了多少个岔路口。

人这辈子，成功的真谛无外乎"专注"二字，不分心，不受外界影响，踏踏实实地把自己的事业坚持一辈子，将每一个成果做成精品。有句话说得好，"酒香不怕巷子深，关键看你真不真"，想成功先要为自己打好基础，不分心，将自己全身心地融入精品，它才会更有生命力。愿每一份付出都能在专注的力量下开花结果，恒心不需要修饰，它却能带我们走向更好的明天。

> ## 超越：
> ## 对于自己，那是发自内心的绽放

当你超过别人一点，别人会嫉妒你，当你超过别人一大截别人会依赖你。满足于今天过得去，但明天就没那么好过去了。人生就是一个不断超越的过程，而这场超越与别人无关，它是我们发自内心的绽放。假如没有那么多稳定为你提供保障，那么现在就明确好自己人生的目的，让它在明天开花结果，将想做的一切落实到行动。

（1）为人生创造无限可能

人生从生到死这个过程，如果有三万六千种活法就有三万六千种可能，只要你脑洞够大，思维够开阔，这个世界上就没有"不可能"这三个字。曾经有一句至理名言这么说："如果上帝把一件不可能的事情装进一个人的梦里，就是有意要帮助它将此照进现实。"我们有很多机会，很多可以超越的目标，很多可以挑战自己的项目，关键要看你是不是做好准备，有没有明确目的。

人生这趟旅程最重要的一个任务是找到自己，很多人一路追得很辛苦，却追着追着把自己给搞丢了，即便是真的最后熬到了成功，别人仰慕你，可你未必高

111

兴，因为你要面对的是一个没有自己的悲惨结局。人生是自己的，但假如你每件事情都不是出于自己的意愿，也不明了自己活着的真实目的，你还有多大力量能把自己活好呢？有些时候成功带来的果实并没有那么值得信任，除非你知道做事的目的，失败带来的果实也未必有那么恐怖，假如你知道做事的目的。

我认识丽娜的时候，她刚刚做了母亲，博士毕业的她放弃了高薪工作，准备开一家别有特色的烘焙小店。当时很多人一听就摇头："博士毕业啊！毕业以后就开这么一家烘焙店，是不是太大材小用了？"但丽娜却总是微微一笑什么也不说。她来我店里的目的是想让我帮她设计完善个人形象，以全新的面貌去参加国际烘焙产品峰会，到时很多烘焙大师会齐聚一堂，自己也希望从中吸收更多的养分，交到更多的朋友。同时她也希望能够借着完美的时尚造型制作个人海报，为店面更好造势。

通过跟丽娜聊天，感觉她是一个很有思想的女子，她不但对自己店面的运作很有策略，而且对于自己的人生规划也有远大的设想。对于别人对她的看法，可以轻轻松松地一概省略，用她的话来说就是："人生简单明确，认真开心做自己。自己为自己还活不过来，怎么还有闲心去估计别人？"对于丽娜来说，人生的主要目的就是在自己喜欢的领域超越自己，不管在别人的眼中是成功还是失败。

当我问丽娜自己是否真的做好了百分之百的准备。她点点头笑着说："世界永远不会为谁的成功做好准备，除非你准备好了你自己。只要自己准备好了，那一切就都准备好了。这是一趟轻松的旅程，所以没有必要准备太多，带着一颗心全情投入，总会在过程中发现很多美好绮丽的风景。这种感觉要比假惺惺地扮演某某轻松得多，而且总让我觉得人生充满无限可能。我很庆幸自己能为自己勇敢地迈开这一步。"

之后我们聊到现在她店面的经营状况，她笑着说一切都在正常进行，而且每一个点心的品种都是她的一道精心发明，每天到这里来的有很多情侣，也有一些小孩子，每当看到他们面对点心惊讶的眼神，我的心里就甜滋滋的，觉得自己又做了一件无比幸福的事。我想把这种甜蜜的感觉延续下去，不久的将来，在中国范围内，开满至少 500 家分店，同时店面还可以走出国门，成为国际品牌，让世界范围的顾客都分享到这份幸福甜蜜的味道。我相信我一定可以做到。"我听了很为她高兴，希望她可以梦想成真。

又过了一段时间，丽娜再次找到我，还带来了几个伙伴，说要为她集团下设的几个伙伴量身定做造型，因为再过一段时间，她们就要一同出席全国最盛大的烘焙交流会议。我顺带着问她愿望实现得怎么样？她信心满满地笑着说："如今店面已经扩展到三百家了，预计今年年底能够实现五百家的愿望。"我听了惊讶不已，一段时间不见，想不到她已经有了这么骄人的成绩。她看出了我的心思，真诚地说："其实刚开始因为年轻，心里也会很焦灼，怕自己得不到，怕自己不成功，经常会问自己：'哎呀我会不会成为不了想成为的那种人啊！'但你要真问我想成为什么样？我还真的不知道。但现在好了，一切都可以轻松放下，也不管那么多，早上想到的事情，中午就开始去做，管它成功失败，至少在行为上是一种超越，我对得起自己。就这样没有顾虑地做自己喜欢的事情，反而可以轻松无比地达到目标，生命就是这么神奇。"

每个人都可以在人生中追求属于自己的梦，不管它在别人眼中是恰如其分，还是不务正业。因为这一超越的旅程只与自己有关。不管成功还是失败，痛痛快快做一次自己就是一种质的飞跃，这条路或许很漫长，或许很艰辛，但在你眼中一定会有很多有趣的发现和经历，因为这是你为自己选择的奇妙之旅。正如丽娜，谁说博士不可以做烘焙，一切皆有可能，不但有可能，还可能到一鸣惊人，在这个世界绽放出属于自己的绚烂礼花。

（2）稳定不可怕，稳定思维太可怕

有些时候觉得时代进步太快了，稍微自我怠慢一点就担心会追不上它，这种危机意识常常让我更加重视不断地接受新鲜事物，保持思维理念的自我更新，希望不要太早就加入落伍者的行列。如今的社会，年轻人分为三种，一种思维活跃，心不安分，不断地涌现灵感，充满朝气和活力；一种游离不定，一会儿想创业一会儿想打工，在不定性的选择中烦恼徘徊；第三种则没有太多追求，有了稳定职业就不想再变动，每天三点一线，从此时代的新奇事物与他毫无关系。

在我看来第一种孩子最容易成功，第二种孩子稍加引导还算有救，而第三种孩子长此以往下去，后果不堪设想。一个年轻人追求稳定没有错，但是假如思维也跟着稳定起来，没有了自己的追求和奋斗目标，那人生就会变得平淡无奇。不要说自我超越，一旦时代发生变化，职业分工就会有调整，而最受影响的一定是他们这批人。这时候的他们可能已经成家立业不再年轻，因为在岗位上生活得过于安逸，与时代脱轨，也没有锻炼出一技之长，最后的结局显而易见，只有下岗。

我曾经有一个小客户在跟我讲起她二十几岁时爸妈给她找职业的一段经历说："爱丽姐，你知道吗？那时候我爸妈总是说：'女孩子，有一份稳定的工作就行，不用太累，以后结婚有了家了，还是要以家庭为重的。'那时候我一听这话就不高兴，感觉他们给我描绘的人生没有一点意义。那时候我总是想，难道作为一个女孩儿，我这辈子就这么交代了吗？后来大学毕业，他们就开始张罗着给我找工作，一开始准备把我安排到一家医院行政部的一个闲职，跟我说那里一天到晚也没什么事儿，只要不犯错误就可以呆一辈子，就是工资少了点，但是有五险一金，还有年假非常舒服。当时我就摇头说不去，我觉得人越是闲下来，越是没有动力，如果这个工作十个人都能干，你青春不在了人家凭什么用你，每年都有那么多大学生毕业，人家找谁不行？一旦出现变动，我的青春已经不在，让我去哪儿找工作？为此我跟爸妈还大吵了一架，并以通知的口吻告诉他们，以后我的事情都不要让他们掺和，人生是我的，要由我自己做决定。"

我听了点点头，赞扬她有魄力，而且很聪明，懂得顺应时代经营人生。然后抬着头继续听她往下说。

"后来我不顾他们的反对来到了大城市，不断地投简历，立志做一名时尚女编辑，我先进了一家小的杂志社，从最基层做起不断地学习，一点点地走到今天，而如今我终于实现了自己的愿望，成为一家著名杂志的时尚女主编，我还创办了属于自己的美容时尚主题的公众号，有了几十万的粉丝，而现在拥有的一切让我感觉真的好极了，我终于可以开开心心做自己，因为我已经通过自己的努力快速实现了个人财富自由。我每年都会去很多国家走一走，穿上漂亮的衣服和鞋子，画上精致的妆容，体会一段段美好的异国风情，而且令我兴奋的是，我在旅途中邂逅了甜蜜的爱情，我们志同道合，准备明年结婚，购置一套别墅作为新房，而且一起开办公司共同创业。这时候我就想，假如我当时听了爸妈的建议，恐怕只能在那个无聊的小城里，拿着屈指可数的惨淡薪资，成为被时代淘汰的那类人。"

听了女孩儿的故事，我首先庆幸她的不安分在关键时刻挽救了她。在我看来生活稳定是每个人所期待的，但生活稳定并不意味着让自己的思想稳定。因为这种稳定意味着就此满足，停滞不前，而一旦你选择原地踏步，那么你将很快被这个不断进步的时代淹没。

人生是一个不断超越的过程，为了让生命不至于那么平淡，我们本可以创造出很多新奇的事物来取悦自己，比如说找到一份有自我挑战力的工作，然后精神百倍地全情投入，不断地提升自我价值的过程中找到自我超越的快感，那种美妙的感觉会让你感受到最真实的快乐，同时也更容易被这个时代所接纳。

生命的环境犹如银河，尽管每天宇宙变化万千，但每一颗恒星却不会因为这场变动而黯然失色，反而在不断地适应中光彩夺目熠熠生辉。愿你犹如明星恒久美丽，绽放而不被禁锢，心怀一颗超越自我的愉悦之心，用光透彻云层，活出最富有生命力的自己。

▶ 品质:
品质感，让自己活成传奇

由内而外，从人到事。让每一个细节，每一段思想，都满满地装载上品质的力量。品质是一个人内心最伟大的财富，也是能够创造出一个个奇迹的神奇利器。追求品质的人可以将财富放在一边，只为对得起那颗追求极致的心。他们有完美的德行，有超乎人想象的审美追求。也正因为这份珍贵而富足的品质感，让他们一点点在成功的路上把自己活成了传奇。

（1）不管对于谁，人品都很重要

有没有思考过这样一个问题？人生最重要的东西是什么？有人说是财富，有人说是智慧，但要我看，这两件事都不是最重要的，因为财富多了会让人贪婪，智慧把控不住就会埋下罪恶的种子，唯有奠定好了品质和德行的基础，才可以找到最正确的方式驾驭这一切，所以在我看来，品质才是这个世间最金贵的东西。

俗语说："苍蝇不叮无缝的蛋。"只要一个人心不变质，外人是很难伤害到我们的。万事开头先树立好自己的品行，端正自身的态度，善缘与好运才会如约而至。但假如人不能很好地树立自身的品质，甚至为了自己一时的欲望而不惜伤害他人利益，那就好比是搬起石头砸自己的脚，最终受罪的还是自己。

记得自己创业的第三年曾经经历过这样的一件事：

那时为了扩大规模，店面经营日趋完善的我，准备开办第三家分店。因为觉得合伙人很可靠，便把店面的一切全部交给她来打理。可没想到分店开了不到半年，问题就接二连三找上门来。一大批老顾客纷纷找上门来要求退卡，将近六七个员工一个星期内集体辞职，这到底是怎么回事儿呢？不知原因的我，没有任何思想准备，一时不知该如何是好。

之后我才了解到，这个合伙人在经营店面的过程中，动了歪心，背着我又办理了一套营业手续，和现在的分店不存在任何关系。等到一切准备就绪，她就开始复制我一系列的企业经营项目，有意将价格调整到低于公司的50%，并依次给我的老客户电话沟通，劝说她们退卡，将关系转到自己名下。同时又着手请员工吃饭，以提升薪资为诱惑，动员大家辞职挖我的墙角。

回想起那半年的时光，真的让我一生都刻骨铭心，白天不断地处理着这些问题，晚上疲惫地回到家，还是辗转反侧难以入眠。100多个日日夜夜，我也数不清有多少个难以入睡的夜晚。我就这样静静地躺在床上，一个人睁着眼默默反思自己，想不起困，也不知道饿。从那一刻我就下定决心，今后做企业一定要加强企业文化的投入，对员工不但要进行良好的技术培训，还要不断地给予德行品质的教育。

于是在出事的下半年，我开始做项目转型，引进新项目，并加大投入巩固树立企业文化。心中只有一个目标，要让自己的团队有魂，要让企业的爱关照到每一个员工的生活，实现他们的梦想。就这样，企业团队渐渐稳固起来，我拥有了跟我一起奋斗多年的老员工，他们渐渐成为名媛的灵魂，也在企业的关照下实现了一个又一个的梦想，而名媛也在这样互利共赢的状态下，稳步前进，最终盼来了属于自己的春天。

我常常跟身边的孩子说："一个人为利益牺牲品质是最傻的行为，这会让他一辈子都抬不起头。"在人生长河中，我们所要经历的所有的关系，无论是友情还是爱情，想赢得对方的信任和尊重，最重要的一点就是让自己拥有完美的品质，因为在这个世界上，尽管赢得别人好感的套路很多，但都比不过"赤诚"二字。

德行和品质，是人这辈子最硬的两张底牌。古人说："不知礼无以立。"而礼反应出来的核心就是一个人的道德品质。一个人即便再聪明，品质出了问题也不会有好的发展，因为人品的好和坏，往往决定了他一生的成就。

曾经有一位老师父感慨："走过浮生万里路，人与人之间，无论始于什么，到最后，都只会忠于人品。"是啊不管时代怎样发展，不管世界多元化到什么程度，都不可改变一条真理：人生最宝贵的永远都是他的品质。

（2）不糊弄，我就是要让自己满意

人生在世最重要的事情就是对自己负责，或手头要做的并不是什么大事儿，但至少也要让自己满意。生命的最高意义就是在人真的尽到自己为人的本分。即便是有一天永远闭上了眼睛，也可以从容安详，露出坦然的微笑，今生今世，没有什么可让自己遗憾和后悔的。

此时突然想起了保尔的一段话："人最宝贵的东西是生命。生命对于我们只有一次。人的一生应当这样度过：当回忆往事的时候，他不因虚度年华而悔恨，也不因碌碌无为而羞愧；在临死的时候，他能够说：'我的整个生命和全部精力，都已经献给世界上最壮丽的事业——为人类的解放而斗争。'每每想起它，心中就会充满力量。

在有限的生命中，每个人的心里都承载着梦想，可不同的人对待梦想的态度是各有差别的。真正的成功者，会把自己的一切融入到每一天的细节中，他不是有意地做给别人看，而是真的希望自己能将一切做到让自己满意。"一件事，不做则已，要做就要把它做好。"这句话说得容易，但做起来却很难。因为我们每个人身上都存在着惰性，很多人在接受考验的时候都没能在这件事上取得满分。但总有一些人，始终没有自己的追求，即便是付出再多的代价，也要对得起心中的那份期待。

由于我的新店面要装修的问题，我就这样与孙总相识了。这位老总开装修设计公司已经很长时间，做事认真到一丝不苟，而且审美要求极高，是一个不折不扣的完美主义者。与他一起交流总能让我受益匪浅。经过几次认真细致的沟通，他用时尚的装修理念和新颖的设计方案打动了我，那份富有朝气的敬业精神迫使我做出决定，由他来全权负责店面的一切设计装修工作。

就这样店面的装修工作顺利展开了，从选材到成本核算，他每一步都做得相当精细，每天都会到施工现场亲自监工，对施工的每一个细节严格把关。一次我去店面探监，想间接地了解一下店面现在装修的程度。没想到还没进门就听见孙总和装修人员在那里吵架，具体对话内容是这样的：

孙总："你这样不行，给我拆了重弄。"

装修人员："你说拆就拆啊？你知道这又得花费多少材料和时间吗？"

孙总不紧不慢地说："你做不到我满意就得拆。现在就拆。"

装修人员："就你这样公司还能做大？一个工地就能把你耗死。"

孙总："谁说我想把公司做大了？我没说我要把公司做大啊！我就是要每一个细节做到我满意，从我手里出来的作品都必须是精品。这跟钱没关系，让我觉得不满意就得拆了重来。少废话，省点力气，赶紧给我拆。"

装修人员："跟你合作真是倒了八辈子血霉了，行，行，拆！到时候耽误了工期不是我的责任。"

孙总："你先拆了，后面再看看怎么办！自己没有达到要求，还好意思说这么多……"

我听了以后点点头，心里想："这次装修看来是选对人了，一个人对自己要求这么严格，做出来的作品应该会是相当有水平的。到时候看看成果怎么样，如果真的很令人满意，那么以后有这样的装修需要就找他，到时候把朋友也带过来介绍给他，这个朋友我交定了。"

之后，孙总真的没有辜负我的期望，把店面装修得非常到位，让我一进门就欣喜不已。于是邀请他一起共进晚餐以表感谢。

交流中我下意识地谈起了那天在门口听到的事情，他听了有点不好意思，腼腆地笑着说："让您见笑了，这很正常，人不管做什么，至少要先能达到自己的标准，必定人不能只为钱活着，生命中最重要的应该是那份对得起良心的信仰。我从大学就学的装潢设计，伟大的理想就是成为一名优秀的室内装潢设计师。之后创建了自己的公司，和很多人不同的是，我创建公司的初衷并不是出于盈利，而是出于要做自己喜欢的事情，要从这些事情中找到那个最满意的自己。每一个作品在我看来都是有生命的，都是自己苦心孕育出来的孩子，谁不希望自己的孩子更好呢？假如这个孩子表现不好，别人会很自然地对家长产生质疑，那时候自己的脸又往哪儿放呢？"

听了他的话，我真的很感动。人们常说好的开头就要配上好的结尾。人生也是如此，每一个人的人生起始都是一样，一声啼哭，四周伴随着一片欢笑，但到了要收尾的时候，感觉就变得不同，尽管生命同源，总要归于一片沉寂。有人名垂青史，有人不过一抹黄沙，追究到原因就在于人与人之间对自身要求的不同。精益求精的人会在人生每个阶段中抛出一个又一个优美的弧线，而将就凑合的人却把生命活得如此苍白。这就是人与人之间本质的不同。

在希腊，著名的戴尔菲神殿上刻有这样一句格言："认识你自己。"一个人只有真正认识到自己，才能真切地了解到内心的渴望，才更愿意活出自己满意的样子。每个人都是在上天的验证下过人生的，珍惜手中的每一个经过，把每一件事做好做精，老天就绝对不会辜负你，因为你是它最青睐的那一个，你就是那个无时无刻不在追求完美的宠儿。

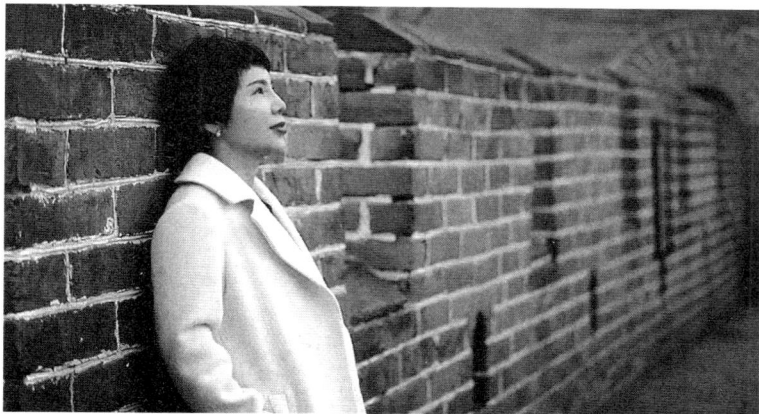

第六章

情感——
做情感的贵族，这辈子就什么都不缺

　　每个女人都有着自己的似水柔情，而生活就是各种情感交织在一起的歌，我们在这种交融中不停地转换着角色，体会着人间世事的悲欢离合，纵然有一天人会离去，什么也带不走，在回眸往事的那一刻却依旧带着笑容。人生最成功的事情不在于拥有财富，而是对情感的那份珍重。假如你是自己情感的贵族，那么这辈子就什么都不缺。

▶ 我情:
爱自己，我真的是一个很不错的人

　　年轻的时候总是羡慕别人，为什么她那么漂亮，为什么她那么富有，为什么她那么能干？种种的比较下，自己也曾不断地努力，想要活成她们的样子。之后经历了一番成长，有了婚姻，有了事业，我发现人这辈子不一定要活成别人的样子，做自己就是一件很幸福的事。站在镜子面前打量自己，让优点从脑海迸发着点亮内心，冥冥之中有个声音在说："去爱自己，欣赏自己吧！因为你真的是个很不错的人。"

（1）看，镜子中的自己在微笑

　　曾经的我很小就来到了陌生的城市，心里只有一个想法，快些扭转家庭的困境，还清债务，让家中的父母不要再因为这些事情而烦恼。繁华的大都市，灯红酒绿，人海茫茫，偶尔从身边走过一位穿着不俗，气质高雅的女性，心里就会想，假如有一天我能活成她那个样子该有多好。经过几年的打拼，我还清了家里所有债务，手里还有了一笔自己的积蓄。那时的我开始关注美容市场，决定到当时最棒的美容院去打工吸取经验。在那里我遇到了能干的老板，每一个决策，每一个方案都能做到思路清晰，有条不紊，在她的手下做事使我受益匪浅，那时候想，如果有一天我成为她那样的人该有多好。

　　就这样一路的羡慕，伴着一路的努力，我在一次次自我蜕变中成长。翻开曾经的日记，每一篇几乎都是内心在借用笔触向自己发问，诸如"你想要什么？""你现在有什么？""几年以后你会成为什么？"这样的句子频繁地出现在当年的文字中。正是这样不断地自我鞭策，我一步步地从美容院的基层人员走上了领导岗位，又从领导岗位变成了自己品牌企业的老板，有了自己稳定的家庭和事业。这时候突然意识到，其实能不能成为别人的样子真的没有那么重要，活出自己的感觉和状态才是真正的幸福。

　　一个人生活得好不好跟别人没有关系，最主要的还是跟自己的感受有关，是在经历的过程中放松享受，还是紧抓着与别人比较的痛楚去难受，完全是我们自己的选择。这个世界上最大的对手不是别人，而是我们自己。与其在无数对自己不满意的比较中爬不出来，不如把一切负累放下，开开心心做自己，尽管很多成功都是逼出来的，但最起码它也要沿着自己觉得应该走的方向走才行。这个世界上一千个强迫也抵不上心中的一个"我愿意"。做自己愿意的事，才能在未来成为自己最满意的样子。

　　曾经有朋友问我："爱丽姐，难道你不想找个真正懂你的人与你相伴，陪你走过一路的艰辛的历程吗？至少那样自己不会觉得孤独。"我的回答是："我当然希望，但走了这么长的路，我终于明白，不管人生这条路经历怎样的悲喜曲折，真正陪在我身边的只有我自己。"

　　在从懵懂到释然的心路历程中，我们经常会如愤怒的小鸟一般冲撞自己，不断地对自己挑剔着、奚落着，直到这种感觉真正引起了伤痛，才会把地上的羽毛捡起来，重新爱上自己，修复自己。如此这般起起伏伏，反反复复，直到自己真的活明白了，才开始学会对着镜子傻傻微笑，觉得那个与自己四目相对的人真的好可爱，她做的每一件事情都是那么用心而专情，那么率真而充满创造力。

　　成长是一个没有捷径的旅程，我们每个人都需要跋涉很久，才能真正看清自己，知道哪些事可以做，哪些事不能做，找到最适合自己的生活方式，然后将一切安顿下来，用心经营呵护这份得来不易的美好，用最好的状态面对生活，用最灿烂的微笑面对自己。

所以相信我吧，或许你应该更相信你自己，从今以后，不再去与别人比较，不再去羡慕嫉妒恨，不再轻易动心起念，不再一看到好的东西就一味地想去得到。我们无须为成不了优秀的别人而伤感，因为每个人心中都自带天堂，说不定你就是世间最独特的那一个。

拉开窗帘，让外面柔和的光折射进温暖的房间，穿上自己最喜欢的衣服，走在镜子面前微笑。你可以向她表示问候，轻声地说上一句："你好吗？"而此时镜子那头的自己早已将双手放在了心间，闭着眼睛感动地说："我很好，谢谢！"

（2）爱自己，就别把自己当蜡烛

我有这样一个朋友，没结婚的时候，她可是众人眼中的美丽女神，往街上那么一走，不知道有多少男人要为之倾倒。几经挑选，她接受了一个男孩儿的追求，相恋五年后终于修成正果。正当大家还在回味他们婚礼上男才女貌的甜蜜之吻时，这位朋友却爆出最冷门的头条新闻，她离婚了。

这件事一时间在朋友圈内引起轰动，大家都不知道他们发生了什么，怎么恋爱恋了五年，结婚还不到三年，说分就分了？很多朋友以为是女方出了问题，觉得是我这个朋友眼光太高，不甘于过平凡的生活。但之后经过求证，事实并不是我们想象的那样，是男方在外面有了人，最终跟朋友摊牌协议离婚的。

"感情容不得背叛，那个女人有了他的孩子，三年的婚姻，我把他惯成了一个渣男，趁早分开也好，否则不知道要背负怎样的耻辱过日子。"朋友向我轻声倾诉道："以后我会长记性的，做女人不能太傻，我就傻到把自己当成了一根蜡烛，一结婚就全情投入在家庭，是我把他伺候得太好了。他说工作太忙，要我支持他，我就放下蒸蒸日上的事业，变成了家庭主妇。好不容易怀了孕，他说自己事业刚起步，要再缓缓，我就忍着身心巨痛堕了胎。正在家做小月子的时候，却接到了那个女人的电话，说她已经怀孕了，而且决定要把孩子生下来，让我自己对婚姻做选择。爱丽，你能理解我当时的痛吗？"

看着她伤感的样子，我一时不知该如何安慰，只听朋友继续说道："这么长时间以来，付出了这么多，可在他看来我什么都不是，我不知道那女的是怎么迷住他的，我只觉得我这么长时间以来所做的一切没有一点价值。现在他事业也好了，老婆孩子热炕头，我呢？回想起来，那时候没结婚前，自己也是一大把的追求者，现在被他摧残成这样，一照镜子自己都会哭，怎么憔悴成这个样子？"

听了她的话，心里的第一感觉就是心疼，曾经的她活泼开朗，却被一场失败的婚姻折磨成这样，这让我意识到，对于付出这件事，即便是再爱，也要留一部分给自己。无私的奉献可贵，但奉献到没有自己，剩下的除了憔悴就没有其他。现在很多走进婚姻的女性都觉得婚姻越长越是没有自己，有些人甚至觉得日子过得没有一点尊严感，上班被人指来派去，回到家还要听老公吆五喝六，自己就像是一头老黄牛一样老实本分地付出，却什么也没得到。看着她们不住地流眼泪，我陷入了深深的思考，之所以会出现这样的现象，主要原因在哪里？最终得出一个结论，只奉献不懂经营的付出，是最不理智的。

于是我尝试着列出一些重要细节，希望能够通过这些细则，给这位朋友开出一个自愈的药方：

第一，不管有没有人在意，自己每天都要穿着得体，画上精致的淡妆。

第二，不管什么原因绝对不能放弃工作，告诉自己经济基础决定上层建筑。

第三，不要拒绝漂亮衣服的诱惑，因为用的是劳动所得，你本就值得拥有。

第四，多接触新鲜事物，多和比自己小的年轻人在一起，时刻保持和男朋友（老公）互动话题的新鲜感。

第五，多参加社团活动，找到自己的生活乐趣，让自己时刻保持活力。

第六，拥有自己的朋友圈，不限定性别，但百分之百谨守本分。

第七，保持独立，让男朋友（老公）觉得，即便没有他，自己也一样可以过得很好。

经过这几条的自我修炼，这位朋友快速地恢复了往日的活力，气色红润，整个人看起来都很有精神。她偷偷地告诉我，现在有几位条件非常好的男士在追求她，但她决定再也不犯傻，不管有多爱都要把最好的那一份留给自己。

作为女人，爱自己是一件很简单的事。当你每天清晨醒来，打开窗，将那最清新的空气吸进肺里，望着窗外一片鸟语花香，不妨安详地多问自己几个问题："今天的你漂亮吗？是不是仍然在为思想和智慧而不懈追求？你知道你最有魅力的地方是哪里吗？"问完自己以后，闭上双眼，将最满意的答案收入身心，告诉自己，一定要好好爱自己，因为没有人比你更配拥有。

爱别人的方式有千千万种，我们可以以别人能接受的方式去表达自己的关切，但这种爱并不应该建立在燃烧和毁灭自己的基础上，相比于蜡烛而言，我反而青睐成为别人心中的太阳，永恒地照亮他们，温暖他们，而自己却不会因此而失去，她总是那样热烈而充满激情，在她的世界里总是得到的更多。

聪明的女人一定知道如何快乐地爱自己，智慧地爱他人。这样才能氛围融洽，彼此关照相互温暖，我们的心才能长时间保持在平衡的状态，将一切控制得刚刚好，刚刚好用心地爱别人，刚刚好幸福地待自己。

▶ 爱情：
爱情最美的共振，本不该过分向外求

常常有一些漂亮的小姑娘问我："爱丽姐，爱情保鲜的秘诀是什么？"我就告诉她们："感情就像织毛衣，想让它美就细细地织，想毁了它只不过是一拉线的事。"结婚纪念日那天，我的他在经历十多年的婚姻历程后，再次求婚，告诉我下辈子还要一起过。而这两辈子爱情的终极秘诀却是那么简单：从不要求，只是给予；从不炫耀，互相照耀。

（1）这辈子，老公是我最大的客户

那天晚上看到这样一篇文章，里面写着一个非常感人的画面，96 岁的老爷爷马上就要走到生命的尽头，旁边的老伴温柔地抱着他的头，轻轻地拍着他肩膀说："乖乖的，你就放心好好走，我会照顾好自己。"不知道为什么，当阅读到这里，眼泪始终就含在眼眶里，舍不得落下，这时先生走过来，问我怎么了？我不好意思地摇摇头，心里明明想说："等我们老了，不管谁先离开，我也真的希望能和他们一样。"

对于婚姻这件事，我的态度一直是很认真的，老人说："夫妻同心，黄土变

金，家事无对错，只有和不和，有心和谐，才能家和万事兴。"两个人在一起，起初是爱情，后面便是相互磨合出来的亲情。有些年轻的姑娘曾经问我："爱丽姐，什么才是婚姻之中的爱？"我想了想，半风趣半认真地告诉她："很简单啊，吵不离，骂不散，打不走，就是爱喽，而且那才是婚姻中真正的爱。"

听到这，有的姑娘撇撇嘴说："我可能做不到。要都成这样了，我肯定是不干了。"看，这就是没结婚的人与结婚的人对于爱理解的不同，走过了这么长时间朝夕相伴的路程，让我越来越感受到，爱这个词，婚前可以是说说就算的，婚后则是要用自己一辈子去经营，去演绎，去验证的。结了婚我才真正明白什么叫百年修得同船渡，千年修得共枕眠，想把这条感情的路走好，需要的方法不是一味地要求，而是不断地付出。我常常打趣地说："在我看来当下自己最大的客户，不在企业里，而是在家里，老公才是我生命中最大的那个客户，也是最需要好好维系的那个人。"

而事实也确实如此，作为一个女人，什么会比拥有一个温馨的家，充满欢声笑语的港湾更重要的呢？假如要我选择，纵使当下一无所有，也绝对不会放下自己对于美好家庭的向往和维系，因为钱没了可以再赚，而家绝对是不可以失去的，它应该在每一个人的心中占有很重要很重要的位置。

曾经有一个女孩子跟我抱怨："现在的男朋友一点都不爱我，还说要跟我结婚，其实他根本就不是我心目中想象的那个类型。"我问："那你心目中的老公是什么样的呢？""嗯……我希望有一个真正了解自己的人，知道我喜欢什么，害怕什么，知道我用什么牌子的洗发水和牙膏，我沉默了他会牵我的手，我哭泣的时候他会拥抱我，假如有这么好的一个老公，真的就可以幸幸福福过一辈子了。爱丽姐，我有时候想，人的一生一定有自己的真命天子，假如他还没有出现，我可以等，到时候他会明白，虽然我不优秀，但也足够珍贵，他会了解我的渴望，了解我是怎样在痛苦和孤独的等待中一步步走到他的面前。我相信他一定会为我感动，一定会珍惜我一辈子的。"

听了这个姑娘傻傻的幻想，还确实真的很感动人，但是我告诉他，真正的爱情，不是一个异性对一个异性的影响，而是一个人对另一个人的全方位的影响，只有两个人不断付出，一同经历欢喜悲伤才能最终酿造出最甜蜜的婚姻蜜糖。而婚姻中最宝贵的是彼此的珍惜和感恩，感恩这个人的出现，感恩他愿意拿出一辈子来爱你，感恩他面对未来的未知没有一点恐惧和迷茫。假如这样，当我们再去面对婚姻暂时出现的不愉快时，就会快速把各种的不满意抛在一旁，去给对方一个拥抱，去为他做一顿丰盛的晚餐，然后用温柔的语调对他说："亲爱的，我们和好吧！"

真正婚姻里的爱情，是吵架夺门而出以后，在外面顺道买了个菜回家。然后若无其事地说："你想好今天晚上吃什么了吗？"暂时的矛盾，并不意味着长期建立起来的婚姻堡垒出现了问题，当一个人由我，变成了我们，那种美好的共同梦想就已经在两个人的心里生根发芽，而它终将成为你们生命里一道独特而不可或缺的风景。我们应该相信，你与老公的爱，就是互相支撑的力量，你们彼此的情谊，就是人生旅程里的蜜糖。

这个世间，老公永远是一个女人最该珍惜的客户，跟他做生意，即便赔得再多，也要好好做一辈子。

（2）婚姻就是一场爱的编织

经常有人问我婚姻是什么，面对这样的问题，我总是说："婚姻就好比唐僧取经，穿山越岭，经历完九九八十一难，仍然无悔初心，才能最终取得真经，修成正果。"为什么这么说呢？当两个人相爱的时候，觉得眼前的一切都是美好的，建立家庭是美好的，对未来也是充满信心和向往的。等到真的结婚了，各种各样的问题就来了，这个时候就要考验你是不是能够在经历这些的同时，仍然不悔初心，仍然用心去爱，用心去理解，用心去包容。

作为一个女人，不管在外面的职场生涯是多么成功，回到家都应该脱去这层外衣，还原成一个温柔贤惠的妻子，假如这个时候还不能转换角色，还摆着一副领导的臭架子，对身边的孩子老公吆五喝六，那绝对不会有什么温馨而美好的结果。

曾经看过一则关于伊丽莎白女王与他的丈夫菲利普亲王相处的故事：

一次女王和丈夫闹了别扭，菲利普亲王把自己反锁在屋子里，一言不发。沉不住气的女王开始在外面猛烈敲门。只听门里面的人问："你是谁？""我是大英国的女王。现在把门给我开开。"听到这样的答案，里面的人再没说一句话，任凭女王怎么敲门也没用。过了很久，在经历一番自我检讨后，女王又再次温柔地去敲门。只听门里面的人又问了同样一个问题："你是谁？""开门吧亲爱的，我是你的妻子伊丽莎白。"听到这样的答案，门温柔地打开了，一场矛盾风波就此结束，两个人又紧紧地抱在了一起。

看了这个故事，自己真的感慨很多，一个这么显耀的女王在面对感情的时候都明白摘掉王冠的帽子，作为一个平凡得不能再平凡的我，又有什么好高傲的呢？真正的婚姻同频共振才能积聚幸福的能量，这个分寸和火候，是需要两个人一同摸索，一同努力，一同守护才能把握得好的。婚姻的美好，并不仅仅在某一方的手里，而是需要两个人同时完成一首永恒的四手连弹曲目，配合得默契，心灵的相知都是在岁月的洗礼下不断磨合铸就的成果，如果你没有耐心，不去经营，就永远不会品尝到这杯爱情美酒有多甘甜。

回忆曾经婚姻的朝朝暮暮，一晃十多年过去了，人到中年的我们，在经历了多年彼此的朝夕相处之后，又再次举行了二次婚礼，那一天我穿着洁白的婚纱，他穿着黑色的礼服，当我静静地凝视他，往昔的回忆就像过电影一样依依的浮现眼前，如今的他尽管脸上难免留下了一些岁月的痕迹，却还保持着当年的帅气和挺拔，当他单膝跪地，认真地告诉我："这辈子一起走过，下辈子还要一起走。"那一刻的我真的感动了，宛如摇身一变成为了待嫁的公主，幸福到眼眶湿润，心里满满的全都是对于这个家庭美好未来的期待。

爱上一个人可能是一瞬间的事，那或许仅仅是一种内心深处几秒钟的荷尔蒙感应，而婚姻则是在登记处盖上红戳以后，拟定好的要相守一辈子的誓言。曾经有本书里这么说："再动人的爱情，也要回归到鸡毛蒜皮的生活，我们都需要在日常生活中找到浪漫的感觉。"生活有时候确实会有无聊的一面，平平常常，吃饭睡觉，再不然就是打开电视机看着电视发呆，但只要身边有这么一个人能跟你坐在一起吃着饭，聊着天，生活就是有温度的，这种温度能够带给疲惫的心灵无比宽慰和真正的幸福感。

虽然有人说恋爱是婚前的事，但婚后两个人相濡以沫的过程其实也是一种"练爱"的过程，它让我们明白什么是自己想要的感情，并练习着彼此去爱，正是因为太熟悉，才要顾及彼此的情绪，因为我们应该知道，只有站在你眼前的这个人，才是真的要与你相伴到老的那一位。既然要走那么长的路，谁也不该让谁失望。

曾经老公问我："等咱们老了，你觉得咱们会是什么样子？"我想了想，眼前出现了一张夕阳西下，一对苍老夫妻牵着手并肩行走的画面，心中充满了感动和幸福感。是啊，每个人都会老去，既然知道秀美容颜早晚会消逝，不如赶快把年轻时相爱的感觉记在脑子里，或用其他方式记住爱的感觉，等到老去到来之际，两人一同品味，翻阅，相互感动彼此温暖。

不可否认，大多数人的婚姻生活都是平凡的，但这些平凡的日子即使没有小说里的轰轰烈烈，也可以通过彼此同频的进步创造出一个又一个浪漫的小插曲。长久的婚姻不是靠曾经的信誓旦旦来维持，而是在风雨同舟的岁月里不断地改正、调整的，用心把彼此之间的纽带系得更紧一些，你就会发现我们真的就离不开彼此了。幸福本身其实很简单，每天努力一点，就会离这种感觉更近一点。

▶ 亲情:

演好角色，亲情是需要用心滋养的

所谓亲情，演绎的无非是一家人其乐融融欢声笑语的场景，对于一个有家的女人，上天会分配给她很多的使命和工作，同时也会因此而延伸出来无数的关系和角色。这时候才突然发现，原来自己头上的头衔还真是多，妻子、妈妈、儿媳、女儿、弟媳、小妹、姨妈……啊！想起来都要幸福得透不过气了。亲情是需要用心滋养的，掌握好这门艺术，做好每一件该做的事，你就会发现，有他们的感觉真好。

（1）小孝养父母之身，大孝养父母之慧

去年春节放假十天，一直在陪妈妈，一边读书一边握着她的手陪她说话，算了算自己总共才下了三次楼，随手看看手机里的朋友圈，大家似乎都在世界各地进行旅行。心中感慨，现在日子真的好了，有了钱大家都愿意去旅游，一到假日就用旅游，娱乐，聚会把生活安排得满满的，自己是潇洒了，可盼坏了等了他们一年的爸妈啊！

每次过节，我一般都会选择和父母呆在一起，忙了一年，我知道他们一定很

132

想我，有太多的话想跟我说，而我也真心想多花时间好好陪陪他们，让他们开心。俗话说得好："小孝养父母之身，大孝养父母之慧"真正的孝顺不是你买了多少贵重的补品和衣服，而是能做到让他们打心眼里开心高兴。作为老人，自己越是岁数大，越是希望能握着儿女的手和他们聊聊天。内容无关紧要，聊什么都可以，只要能听到孩子的声音，他们心里就会升起莫大的满足感。

2017 年的新年之际，作为老爷子的爸爸外出旅游了，而妈妈因害怕路途遥远引起身体不适没有陪同，于是我终于有机会和妈妈一起单独过一个温暖而温馨的春节，好好地和她聊聊家中爸爸和老公这两个男人的小坏话。小女儿坐在沙发上看着童话故事，而作为大女儿的我白天陪妈妈聊天，说说小时候的笑话，中午陪着她一起午睡，躺在妈妈的身边起腻，像是几岁的孩子一样和妈妈撒娇、耍赖，正当我准备亲亲妈妈布满皱纹的脸时，年仅八岁的女儿跑过来，一屁墩儿就跌进我的怀里，模仿着我的样子跟我要起赖来，看着满头白发的妈妈笑得合不拢嘴，觉得这才是自己做女儿最有成就感的一刻。回想自己小时候，再看看现已成年的我，在感慨岁月如梭的同时，回头看看妈妈，心里满满想的就是能够让她感受到那种年轻时代拥抱小小我的幸福感。

有一天，我撒娇地告诉妈妈，心里好想好想吃他老人家拿手的热汤面。这个味道，已经让自己向往了很久，听了这话，老太太的眼睛一下子亮了起来，捋胳膊挽袖子说一定要给小外孙女露一手，于是老人家开始在厨房里热火朝天地忙活起来，我在一边又是端盘倒水打下手，又是调皮捣蛋地乱张罗，没一会儿热气腾腾的面条就做好了，我特意闻了闻，回味无穷地说："这种感觉让我好像一下子回到了小时候。"女儿听了着急地拍拍桌子吵着要尝尝，而妈妈一边盛面条，一边脸上露出得意的微笑。于是我们一家人开开心心地品味着这份暖暖的温馨，尤其是我，吃得很香，一边吃一边对妈妈的手艺赞不绝口，说这抵得上外面 600 块钱才能吃到的自助餐，比外面任何一个高档酒店的大餐好吃一百倍。看着我和女儿狼吞虎咽的样子，妈妈的脸上又洋溢起了慈祥满满的成就感。

其实早在春节前，我就在企业里做了全年名媛例行的也是最重要的一个重大活动，把企业上下所有员工的父母从全国各地接到北京来，大家其乐融融欢聚一堂，一起听听自己孩子在企业中的成长、收获，明了他们现在的工作业绩和收入水平。审阅一番他们的自我规划和目标完成结果。同时，名媛也邀请大家一起来听听企业对于新一年的发展和规划。当大家欢天喜地地各自回家过年以后，我就这样摇身一变成为了妈妈眼中温顺乖巧的女儿。

看着妈妈安静地进入梦乡，我打开微信开始与员工互动，逐一地检查给他们在过年期间留的作业，问他们每天给爸妈洗脚了没？给爸妈做饭了没？给爸妈按摩的时间够不够长？戴上耳机听听他们父母的体会和感受。看着一张张充满欣慰和幸福感的笑脸，我的嘴角也露出了满意的微笑。

夜深人静的时候，灯下漫笔，将这一切写进日记本的最后一页，然后静静地把它放进我人生记忆的收纳箱，关上灯，在客厅泡上一杯安眠茶，伴着悠扬的曲调，闭上眼将一年的喜怒哀乐尽收眼底。

此时的妈妈与女儿已经熟睡，而手中未看完的书卷正泛着阵阵墨香，随意翻开某页某段，上面竟然影印着我最喜欢的一句话："小时候我们是父母的孩子，而长大后，父母是我们的孩子，让这对老小孩感受快乐幸福的滋润，是我们这辈子最不能少的成就感……"

（2）别把孩子当盆景，最好帮她找到天命

一天女儿悄悄将一首自己写的精美小诗，放在我面前，我打开一看其中满满的全是幸福和惊喜：

妈妈你在我心中就是一棵枝繁叶茂的大树，

春天我可以倚靠着您幻想，

夏天我可以倚靠着您繁茂，

秋天我可以倚靠着您成熟，

冬天我可以倚靠着您沉思。

当女儿呱呱坠地的那一刻，我突然明白了一句话："对于世界而言，你是一个人，而对于某个人，你是她的整个世界。"如今女儿渐渐长大，已经出落成一个九岁的公主娃娃，她乖巧懂事，每天都会主动地学习，而且常常会缠着我说一些关于明天的梦想，这让我觉得没有什么比这个时候更感到欣慰和幸福的了。

父母和孩子就是彼此的整个世界，我们倚靠着缘分，成为对方最亲密的人，当这种关系确立起来以后，作为爸妈的我们就有了一种百分之百奉献付出的欲望，即便自己一无所有，也要带孩子去看世界最美丽的风景。因为在我们膝下的是我们的孩子，是我们心中独一无二的那个人。

和所有的妈妈一样，在孩子开始成长的过程中，我也做出过各种培养她成才的方案，但每当看到她童真的双眼，我又一次次对自己的想法进行修改和反思，有些到现在也没有真正实行。

女儿天生对绘画和写作有着浓厚的兴趣，相比于钢琴、舞蹈，她在绘画和写作上展露出的是她与生俱来的天赋，有一次她悄悄地告诉我："妈妈今后的我不是作家就是艺术家，这是我前进的方向，你信吗？"听了这话，我的眼睛也闪亮起来，鼓励她说："妈妈信，为了这一天快点到来，妈妈要帮女儿找最出色的老师，帮助女儿实现这个梦想。"于是，我努力通过各种渠道帮女儿找到了最好的老师，让她在自己喜欢的领域里自由发展，尽情发挥，也正是因为这个原因，孩子的每一天都过得非常开心。而面对女儿不喜欢的项目，我也没有一味地强迫，用商量的语气对她说："不知道我家小美妞长大以后想不想拥有一个挺拔而纤细的小身材，穿什么衣服都好看，如果现在练习一下舞蹈，以后身形会特别漂亮，一走出去就有一种朝气蓬勃的气质。"听了这话，女儿眼睛也亮了，她说："妈妈，本来我不喜欢舞蹈的，听你这么一说我一定要坚持练习，因为我想漂亮，我想长大以后比现在还漂亮。"就这样简简单单的几句话，女儿在舞蹈课上练习得越来越认真，每一个动作都做得有模有样，就连舞蹈老师都惊讶地为她鼓掌。

高晓松的妈妈曾经对他说过这样的话："人生不止眼前的苟且，还有诗和远方的田野，你赤手空拳来到这世间，为寻找那片海不顾一切。"之后，人到中年的高晓松把妈妈的谆谆教诲写成了歌，再次引起了无数听众的共鸣。每个孩子来到这个世界上都是有天命的，上天赐予了他们很多的灵感和悟性，然后让他们从天使变为了人间的孩子，为的就是让他们能够一边经历成长一边完成自己该完成的任务。作为父母，我们怎能有权利将自己的理想强行压制在他们身上，让孩子丧失了本有的天性，最终改变了人生轨迹，成为我们自己想要她成为的样子呢？

伟大诗人纪伯伦在自己的诗作中曾经这样写道：

（对于孩子）你们可以把你们的爱给予他们，却不能给予思想，因为他们有自己的思想。

你们可以建造房舍荫庇他们的身体，但不是他们的心灵，

因为他们的心灵栖息于明日之屋，即使在梦中，你们也无缘造访，

你们可努力效仿他们，却不可企图让他们像你，

因为生命不会倒行，也不会滞留于往昔。

作为母亲，我的感觉是假如孩子的世界里有自己的一片天，我就让她尽情地呼吸那来自天上的养分，假如是片海，我就让她张开双臂去拥抱大海的辽阔，我愿成为她世界里的风，作为推力把她带到任何她渴望到达的地方，而不是修片的剪辑师，无端地剪辑她本来五彩斑斓的梦。

136

　　对于孩子的成长，作为父母我们应该尝试放开抓住她的双手，让她用自己的小翅膀努力地飞，飞到更远，更广阔的地方去，给她仰望天空的机会。而我们所能做的，就是给她肯定和信任，成为它依靠的大树，给她面对世界的勇气，让她在实现梦想的旅程中，步伐坚定，笑容清新。

　　乖女儿，妈妈永远爱你。

▶ 友情：

宁缺毋滥，你的定位决定你的圈子

有句话说得好，想成为什么样的人，就要和什么样的人站在一起。你的朋友圈子，决定了你人生的高度。人这辈子可能会有很多的朋友，但聪明的人绝对秉持着宁缺毋滥的原则，把自己的朋友圈子打理得井井有条，类别也分得清清楚楚，因为他们非常明白，一个人能走多远除了自己以外，最重要的就是要看与怎样的朋友结伴同行，这不是势利，而是对自己更高标准的要求。

（1）同频的朋友，最好的朋友

小的时候很活泼，心里想我将来一定要拥有很多很多的朋友，我们互相帮助互相温暖，有什么事，一个电话，再晚也会有一帮人的灯会为我而亮起来，那将是一件多么幸福的事啊。长大以后，随着事业的推进，真的交到了很多志同道合的朋友，这时候我开始意识到，朋友这件事，不在于多，而在于能够思想同频、能量同频，与这样的朋友交往起来，会很开心、很踏实、更愿倾诉，因为只要说出来，她都懂。

当下很多小姑娘都抱怨自己交不到好朋友，要么是管她借钱，要么就是失恋时候约她出来让她请客，和好了立马不见踪影。每次听到这样的事情，我都会笑笑说："如果是这样的朋友，不交也罢。朋友这件事，一定要做到宁缺毋滥，否则会影响到自己整个人生的能量。"细细想来也真的是这样，今天这个朋友让你出来吃喝，明天那个朋友抱着电话跟你没完没了地抱怨那些老调重弹的往事，时间就这样一分一秒地过去了，自己除了不断自我内耗以外没有得到任何东西，有时还会因为别人那一点点的小事，牵动了自己整个的神经。

不可否认，人生在世，每个人都会经历悲伤，但面对这样的负面情绪，我们要学会自我克制，绝对不能允许它持续半个小时以上，因为我们应该知道，继续消极下去没有意义，每一个当下都是崭新的。面对不快乐的事情，我们无需向朋友过多地抱怨，因为如果你是真的爱他们，就绝对不会允许让这种不快乐的感受继续泛滥，波及成片。

或许是因为年龄的增长，我渐渐养成了面对他人报喜不报忧的习惯，这对于自己来说，是一个非常强大的自我暗示，它让我看到了人生中更多美好的部分，将那些烦恼和痛苦逐一地筛出自己的世界。同时坚信这种方法能够最大限度地保护好我爱的人，让他们不至于受到我的影响，让他们始终把我看作正能量的载体。不知不觉我开始对身边的朋友产生了一种责任，我要让他们因我而快乐，而不是在一次又一次的打扰和麻烦中彼此疏远。朋友之间，最好的相处方式，就是能长久保持最佳的交往距离，让他们感觉到自己的陪伴，却不至于因为这种陪伴而不安拘谨。

我始终相信，朋友之间能量是可以相互吸引的，尽管未必每天都要见面，但永远会在心里为彼此留一个位置，每当大家欢聚在一起的时候，最想传达给对方的就是喜悦与开心，最需要彼此表达的是阳光和鼓励，当我们的思想和能量保持在同一频率的时候，无数灵感和欣喜就会凝聚成亮点，不断地在意念中迸发出来，它让我们的交流更深刻，让我们的情感更丰富，让我们感受到彼此在自己心中的重要价值。而这个时候，无论大家做什么都是那么的合拍，无论讨论什么样的话题都能让彼此满载收获。

不可否认，朋友在一起，是需要为彼此解决问题的，但朋友与朋友的关系不能总存续在依赖状态。这个世界上没有人有义务拿出自己的时间陪你哭，因为大家都不是小孩子，每个人都有自己的人生课题，而每个人都要为自己的课题而不断忙碌。保持能量思想的同频，时刻活在快乐的时光里，认认真真做事，开开心心做人，时刻保持强大的微笑，用自己的幸福感去安顿周围所有的心灵。让他们跟你一样快乐起来，幸福起来，这才是作为一个朋友应该做的事情。与其陪着朋友在她意识中的荆棘密林里哭，不如赶快带着她逃离那个世界，把她带到自己漂亮的玫瑰园里，享受浪漫温暖，淡忘种种的消极，轻松快乐地享受每一段美好时光，让她和你保持在快乐的思想同频上，岂不是一份世间最美好的感受吗？

所以从现在开始，转变自己的思路吧，成为别人世界里的玫瑰和茉莉，永远站在妩媚的阳光下，而这时和你站在一起的朋友一定会和你一样，成为一群带着笑容绽放的花。

（2）好的友情要用"好心"来维护

马克思说："人的生活离不开友情，但要得到真正的友情并不容易，友谊需要用忠诚去播种，用热情去灌溉，用原则去培养，用谅解去护理。"这话真是至理名言，对我的一生影响深远。从小单纯的我就认为，好朋友就是要掏心掏肺的，想让别人怎样真挚地对待我，我就要怎样用心地对待别人。所以，尽管当时家里出现了危机，但从友谊方面，并没有给我的童年造成多大的影响，至今有几个从小一起长大的发小还有联系，而且大家碰到一起总是一见如故，宛如从来都没有分开过。

曾经有个店里的员工问我："爱丽姐，怎么才能交到好朋友啊！您身边现在这么多志同道合的好朋友，真的让我好羡慕啊！到底您有怎样的交友智慧呢？"看到了她还有些稚嫩的小脸，宛如我刚来到城市打拼时的模样。那时候的我，孤身一人，来到陌生的城市没有朋友。因为小，心里常常也萌生一种想与别人诉说的渴望，但却怎么也找不到对象。以至于只能将心里想说的话一字一句地写在日记本上，以此勉强疗伤。但我心里知道，人是绝对不能孤立存在的，只要自己付出真心，就一定能够找到可以交心的朋友，我们一定可以一起努力，最终找到属于自己的那片天。

于是和每一个刚来到大都市打拼的姑娘一样，我找工作，上班，下班，认真地对待身边认识的每一个人，慢慢境况就发生了改变，客户成了我的朋友，同事成了我的朋友，合作伙伴成了我的朋友，最终以前的老板也成了我的朋友，我用心经营着手中的这些朋友，珍惜着从自己身边走过的每一个缘分，最后朋友介绍了朋友，朋友的朋友又介绍了朋友，不能说其中所有人都成为我永恒相伴的人，但他们都在不同程度上让我受益，甚至成为我选择阶段的一个关键的拐点。

如今，经过了风风雨雨走到现在的我，终于明白了一个道理，朋友不是用来索取的，假如你交朋友的心就是想从对方那里得到好处，那这份友谊必然走不长久，因为这个时候的你是被欲望驱使的，而并不是出自自己的真心。真正交朋友的方式，是不断地付出，不断地想着帮别人解决问题，不断地用自己的真诚打动对方、温暖对方，让对方觉得，不管什么时候，只要有你在身旁，心里就会温馨而有安全感。而对于朋友之间一时的争执和矛盾，则要学会抱有一颗宽容之心，因为每个人的思想是不同的，我们没有必要永远让别人与自己保持一致。原谅别人过错的时候，往往放过的是我们自己。将种种的不愉快抛开，让友谊在没有伤口裂痕的状态下继续上路。相信经过重新调理修正的关系将会更加默契。

想成为别人真正的朋友，就要学会无时无刻为别人着想，在必要的时候，甚至可以不惜把朋友的事情放在第一位，让朋友真正感受到你对他的情感的真挚。当朋友开心的时候，你就这样微笑地看着她，当朋友难过的时候，你会立刻带她逃离那个悲伤的困境。当朋友愤怒时，你会迅速做出反应，抑制住她的冲动，让她重新恢复理性。当朋友纠结的时候，你可以提出 N 种有效方案帮她解决难题。其实朋友之间，是需要彼此感恩的，多一份雪中送炭的施与，少一份误会衍生下的猜忌，彼此之间的友谊之路就会越走越长远，越走越坚实。

　　说了这么多，不知亲爱的你是怎么对待身边友谊的。这世间知己难求，知交也零落。一份好的友情，就一定要用"好心"来维护，要让对方感受到你的真诚。友谊是需要彼此吸引的，只要你愿意，没有人会拒绝一颗善意而美好的心。善待每一份缘，心与心就不会遥远。只要大家成了交心的朋友，情与情之间必然会多一些温暖，少一份冷漠。

　　朋友一生一起走，一句话，一辈子，常相知，长相守。

终于简单

——心如明月境如水，简简单单好好活

从很多的要求到没有要求，从追求自我到淡定无我，从为己谋福到助人为乐，从高傲地走在红地毯到成为一颗田间低下头的麦子。种种的蜕变，是一个成长、成就、成为的过程，曾经经历的一切，犹如皓月当空下水面的倒影。从追寻，到取舍，再到之后的释然归零，越到最后，越从容，越是成长，越豁达，假如此生如虚梦，不如简单好好活。

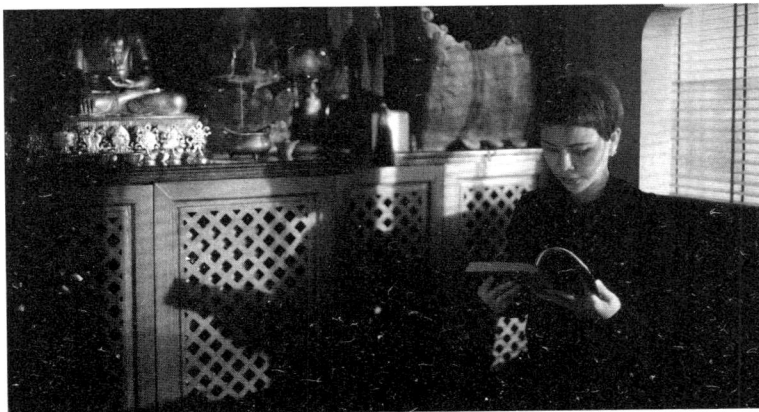

第七章

信仰——
修心自度，前有阴影后有太阳

　　人生的过程，是一条自度的旅程，种种的境遇，无非是心性的磨砺，得到也好，失去也罢，转念一想无非是又一场柳暗花明。所谓信仰，就是不断地把正能量倾注于心，使自己成为不断传递幸福的载体，当我们的心顺应宇宙的节奏，生活中便没有了焦虑和恐惧，其实黑影并不可怕，怕的是你看不清生命的真相，纵使阴影如影随形，也不要忘了你的身后还有灯光和太阳。

▶ 谦卑：
人是麦田里的麦子，低头的才是成熟的

"谦者，德之柄也。"念高危，则思谦冲而自牧；惧满盈，则思江海下百川。谦卑是一种美德，也是一种平和的心态，不以物喜，不以己悲，认真地感悟生命中每一个遇到，不管它是快乐还是忧伤。谦卑，是一个很渺小的词，却博大到可以吞吐八方，容纳万物。人懂得了谦卑，其实才算真正悟透了人生。谦卑的人，最高贵；谦卑的心，最善良。他犹如田间的麦子，低下头的才是最成熟的。

（1）虚荣是浮云，却真的能蒙蔽人

一天我正好上班，一进店面就听到两个女人在那里聊天：

只见一个女人下意识地亮出自己的包包，还摆出一副不经意的样子。

对面的女人看了，赶快说："哇，最新款啊，好像中国还没有卖吧。"

听了这话，拿包的那位得意地说："哦，你也看到啦！嗨，不过是出国的时候偶然觉得好看，花个十几万块钱买来玩玩喽。"

听了这话对面的女人赶紧捧场："哇！十几万块，你还真舍得花。"

"那有什么？小意思喽，去年刚在三亚买了个别墅，光装修就花了差不多两百万，钱倒是小意思，就是搞得我头大，现在好不容易搞定了，有时间去玩玩啊！我们那房子是海景房，景色真的很不错。"

"哎！听说月月家也在哪儿买房子了，你们没遇到吗？"

"没有，别提她，有什么啊！上次她老公给她买了个一万多块钱的化妆礼盒就把她美得屁颠屁颠的，一点品位都没有。还跟我在哪儿装，我什么没见过啊！不刺激她就算了……"

在一旁指导员工工作的我，越听越听不下去了，完全是显富派嘛，面对生活一点谦卑的态度都没有，假如长此以往下去，福气统统都要跑光的。于是我摇摇头，脱下鞋子，走上二楼的佛堂，静静地与自己呆了一会儿，反观内心，认真地体察自己有没有这种陋习，此时，心宛如一点点地被甘露洗净了污浊，从浮躁的状态归于宁静。

慈悲的上师说："每个人都怕死，殊不知有一种死，叫福尽而亡。我们人生在世，一切的福报都是有定数的，一味地炫耀、奢侈，一味地贪着、挥霍，到头来消去的都是自己的福慧，所以生命中最明智的做法，就是谦卑地用好手里的每一分钱，知晓它的来之不易，用心地做好每一件事，知道善念要出自本心。真诚做好那个人字，因为人身来之不易。"

回想起师父说的话，内心不断地被滋润着，回想这么多年在职场打拼的路，见过了一些人，经历了一些事。夜深人静的时候独自思索，终于越来越明白自己想要什么，也终于明白自己应该如何去做。假如生命中的每一分钱都有定数，那就把它用在最该用的地方，以节俭的心面对生活，便能发现简简单单过生活的美好。都说虚荣是浮云，但它所制造的假象真的很能蒙蔽人。

如今，很多商家、文化产业都在鼓吹着一种高大上的风气，今天这个明星身价过亿，明天那个本是无名小卒的人翻身变富翁，开着高端跑车在公路上潇洒地做"二环十三郎"。这些爆点真的瞬时就让很多年轻人疯狂了，这种高调地炫富，似乎在慢慢地改变社会的风气，让整个氛围变得浮躁，人们开始越来越注重外在的品质生活，却忽略了自己的内心，以至于现实中出现一些女孩儿为了跟人比穿戴，刷爆了好几张信用卡最终债台高筑。还有的为了能快速用上高端化妆品，偷偷地动用公家的钱被抓，失去了好工作不说还要接受法律的制裁。这样血的事实给了我很大的触动，告诉我，一切虚荣的比较都是有风险的，只有踏踏实实走好自己的路，才能最终拨云见日，看到真正的彩虹。在这一点上，我最崇拜的人就是李嘉诚先生。

华人首富李嘉诚先生一次到一家酒店入住，下车时掉了一枚硬币，老人追了十多步才把硬币捡回来，放进钱包。然后掏出一百元小费递给刚才帮他拿行李的服务员。服务员惊讶而又激动地问道："李老，您这么富有，为什么要跑这么远去追一个硬币呢？"李嘉诚说："给您一百元是您工作付出应得的回报。而掉在地上的硬币那属于我的财富。我有责任管理好自己的每一分财富，让它都有价值。"

每次想到这个故事，内心就会充满能量，它告诉我真正成熟富足的人，不会藐视手里的任何一分钱，也不会去追逐那些狂热飘渺的虚荣心，相反，他们会努力地让自己安静下来，不断地审视自己，看清自己的路。

所以，千万不要再被那些飘渺的虚荣自我蒙蔽，与其这个时候去发狂一样地比较、炫耀、追逐，不如静下心来，反观自己，做一个理智而优雅的女子。不论这个世界如何浮躁，也不会影响到一颗安然笃定的灵魂。愿我们的内心深处都拥有这么一块美丽的净土，那里永远充满阳光，那里永远宁静安详，自带着如莲花般清雅的香气。

148

（2）不浮夸，低调做人高调做事

每次走在街上，总会遇见一些年轻人前来搭话："大姐，要做个造型吗？我们家的造型师可专业了，经常给明星打造造型的，您要是去我们店里体验保证你能年轻二十岁。""大姐？做美容吗？我们的产品可好了，原装法国进口的，价格也很公道，美容师都是专业水准的，一次能保证您肤色提亮百分之五十。""大姐，加入我们的营销团队吧，我们的领导者都已经成为钻石级别了，一个月不工作也能有好几十万的收入。您难道不动心吗？"每次听到这些，我都只是笑笑，摆摆手，让他们放过自己。

从事美业那么多年，我知道顾客绝对不能成为自己糊弄的对象，答应他们要达到的成果，到时候一定要兑现承诺，不然即便宣传得再好，再打动人心，也是一种浮夸，时间长了是要把自己搞垮的，带动不了客源不说，还会砸了自己的招牌。

说到这，我想到了这样一类人，明明手里有一两银子，他能说自己有五两，明明手里有五两银子，他能说成十两。这种现象比比皆是，我就曾经在招聘的过程中遇到过一次：

一天，团队成员拿来一摞应聘者简历给我看，其中有一份简历让我眼前一亮，装帧做得非常精细，工作经验也很丰富，而且貌似经常受到领导的好评，问及离职原因，答案是因为家里有了急事儿，不得已才离开了自己喜欢的公司。这样看来理也是说得通的，谁还没有个急事儿？假如她真的很优秀，那就给她一次施展才华的机会吧。

于是我就把这个人留下来试试看。结果一试验问题就出来了，这个人不但技术上漏洞百出，而且工作态度也存在问题。于是我就在琢磨，当初他的那份简历是怎么做出来的？按照这样的状态，简历上所描绘的应该是另外一个人啊！还好公司制度中有试用期，倘若不动脑子地让她直接上岗，不知道会闯出什么祸来。

于是我通过各种渠道去打探消息，最后才得到一份真实的个人信息回馈。学历是伪造的，工作经验相当于小学生的水平，仅仅是在上面说的美容院工作了不到三个月，而且是因为工作态度问题被劝退的。因此手法也不是很成熟，有些专业性的任务根本不知道如何下手，可简历上却堂而皇之地说自己已经具备了专业水平。这真让人大跌眼镜，当时冒了一身冷汗，我心想："还真敢写啊！这么浮夸的人假如留在公司里，不是祸患是什么。"

于是我立刻下了决断让她走人，可没想到没过多久，一个同行的朋友打来电话说："爱丽啊，你们那里是不是曾经有个员工叫XX啊！她说她在你那干过，表现很好，我就把她留住了，没想到专业水平那么差，差点出事儿，你那什么时候有这么糟糕的人了？"我一听哭笑不得，原来又开始拿着我的企业名字到外面招摇撞骗了，以后招人的时候一定要小心再小心啊！

做人绝对不能浮夸，做事业也是如此。我常常对员工说："想抓住客户的心，就要给他最切实可行的建议，绝对不要因为想留住客户，而肆意地浮夸效果。做出的承诺就要兑现，你说出的效果是什么样子，顾客在尝试了产品以后效果就应该是什么样子，否则信任从哪里来，名誉又应该放到哪旦？做人要本分，做企业要诚实。把每一位客户当成自己的家人，真心地提出自己忠实的建议，这样才更容易赢得对方的信赖和认可。"

浮夸是一种病，有这种病的人往往是不可靠的。一个人活得越真实越能获得别人的尊重，不论是做人还是做事，秉持实事求是，力求努力做到最好，没有人会因为这一点而看低你。所以让我们努力去做一个真实的人，一个说到就会做到的人，一个完完全全能兑现承诺的人。假如真能做到，即更没有太多的自我包装，别人照样能看到你的价值。

▶ 能量：
调配好自己，做正能量的载体

没有经历过迷茫，就无法正确地指引给更多人正确的方向，未经历失落，就无法告诉别人什么是喜悦。尽管生活里，很多人都在谈论"正能量"，实际上"负能量"才是逼着人往前走的初始力量。能量是一种追随，而每个人都可以做它的载体，将最美好的部分不断延展，深入到更多人的心里。

（1）心想事成是一种能力

无意间翻开曾经的日记，里面满满当当记录的都是一个不断奋进女孩儿的憧憬和愿望，那一个个期待实现的目标，包含着她对美好生活的向往和深情。如今，依依对照下来，感觉自己真的是一个幸福的人。那些昔日渴望得到的，如今已经得到。那字迹间敦促自己一定不要变动的目标，要么已经实现，要么已经走在了实现的路上。尽管时光匆匆而逝，我仍然隐隐能听到曾经的自己，在那里一遍又一遍地重复着："爱丽，一定要成功，爱丽，一定要得到，因为那是你的梦想。"如今的我已然成为自己想要的样子，当昔日美好的期待，在现如今一步步成为现实，我的心也彻底沉浸在了幸福之中，它是如此快乐、积极、有爱，它是那么的坚定、睿智、果断。它还在指引着我继续往前走，而我的内心也不再被任何事情所迷惑，因为几十年的阅历，让我真切地了解了自己，我知道自己想要什么，也知道如何去实现。

曾经的自己来到陌生的城市，只想帮助父母还清所有的债务。三年之后，凭借着自己的努力，终于完成了自己的第一个心愿。

曾经的自己在大城市无所依靠，向往着能在这里安身落脚，而如今的自己已经立足于此，成家立业，拥有了自己的家庭和住处。

曾经的自己，爱美却舍不得花钱买上一身漂亮的衣服，现在却能做到每天换上一套漂亮的裙子，一年也不会重样。

曾经渴望自己能当一回歌手，在录音棚里发出自己的声音，而今已经圆了这个梦，拥有了一首属于自己的歌。

曾经对着地球仪发呆，渴望踏上他方国土，看看外面的世界。如今可以做到每年外出旅游不低于两个国家。

曾经的自己对着团队的员工说："所有人都富足，才是我真正的富足。"如今旗下的团队成员里，每年都有20人实现了买房买车的愿望。

曾经一个人孤身奋战的时候，渴望着一个深爱我，可以让我依靠的肩膀，如今经历了十几年的婚姻以后，我们再次举办了二次婚礼，相约来生还要一起走。

曾经的自己渴望通过自己的努力能帮助到更多的人，如今已经成功地收养了几百个拥有不同困难的孩子。

曾经渴望用自己的思想和声音影响和鼓励更多的人，如今每年要参加不下100场演讲。

曾经……还有那么多曾经，如今都已经成为现实。

152

有人说我是幸运的，但在我看来，心想事成的钥匙不是幸运，而是一种能力。是一种在不断规划、不断努力、不断实现中对自身价值的验证。假如人生真的是一场梦，那让这场梦越做越美的人一定是自己。把握好生命中的每一个选择，认真完善好生命中每一个环节，才能最终找到呈现理想的光。

说到这儿，就想起了自己 20 年前的一段经历：

那时候的我，还在努力为别人打工，为了省钱，将房子租在北京的郊区，由于每天下班要很晚，每次都是坐在末班车上。那一天疲劳了一天的我，迷迷糊糊地在车上睡着了，半梦半醒间被售票员的声音惊到，以为是到了站，糊里糊涂地就跟着几个下车的人一起下了车。回头一看站牌，立马傻眼了，自己不但下错了站，而且距离到家的目的地还有很远的一段距离。

我记得，北京 20 年前的冬天很冷，风刺得人脸都会痛。看着下车的人纷纷散去，路牌上指示此地的名字为八宝山万安公墓。一看是坟地，当时自己就打了个寒颤。怎么办？那个时候没有手机，没有电话，偏僻的路上也找不到出租车，郊区一个站的间隔要比市内一般的站点多出两到三站地的距离。大树紧密地排在两侧，把本来间距较远的路灯光线挡住，远处只有一条像极了黑洞的马路，不知道有多远多长。

当时才 20 出头的我，穿着一双高跟鞋，独自走在夜路上，当寒风吹落树叶的沙沙声响起，我的额头就冒出细细的凉汗。忽然眼前穿过一条黑影，顿时把我的心都要吓出来，仔细一看原来不是鬼，是一只黄鼠狼。一个人站在原地调整了两分钟，告诉自己不过是虚惊一场，于是又开始迈开步子继续前行。到家的时候一看表，足足走了 70 分钟。

现在回想起来，这段回忆宛如一场境遇的参悟。我们每个人都坐在通往梦想和渴望的车上，在不经意的瞬间，难免也会经历下错车的尴尬，一路陌生的境遇会让我们不知所措，有未知，也有恐惧，说不定还会时不时地窜出一个什么东西来吓唬一下你，搞一个你真的不想陪他玩儿的恶作剧。但不管怎样你都不要轻易放弃，只要继续往前走，往你觉得正确的方向走，用前方的希望去安抚自己的情绪，用强大的信心点亮内心的智慧，就一定可以重新回到梦想的轨道。

如果说人生真的有什么能够心想事成的奇迹，那么实现这场奇迹的钥匙就是坚持，马云说："成功没有捷径，坚持着去做了，即便不是什么聪明人也能成功。"我知道，相比于很多人而言，我算不上最聪明的，但绝对是最努力的。我不相信自己如今所得到的一切仅仅是因为幸运，因为那是一种能力，一种可以穿透层层阻碍，直达梦想彼岸的能力。它让我从柔弱走向刚强，不但笑出了强大，还抓住了身边所有的美好。

（2）做幸福的光，将美好传递出去

回想人生，总结起来，那就是一段又一段追求梦想的旅程，尽管在深邃的记忆中，那历经风雨时的伤感时常会在脑海中涌现，但它并不能影响那颗始终不移追寻美好的心。

初来大城市的时候，看着外面一片繁华，心中就在那里默默地问自己："爱丽，你的美好在哪里？你要朝着哪个方向追寻？这个城市那么大，你究竟可以在那里做什么？你可以创造什么？又能得到什么？"如此这般反复思考以后，我开始深深地意识到美好的一切不仅仅是生命中的一场追逐，它是可以用自己的双手去创造的，每个人都可以用心建设属于自己的梦幻城堡，当我们的灵魂在其中安住的时候，灵感就会在我们的期待下不断涌现，而那时候的我们，自然会找到经营它的方法，并对未来有了更前瞻的规划、更深度的展望。

记得那时的自己早出晚归，每天都累得腰酸背痛，为了能够快点帮父母解脱苦海，还清债务，我将一肚子的心酸放在心里，在无数个寂静的深夜，不断对自己说："爱丽，你不会永远这样的，你一定要学会创造美好，你也一定有能力实现美好。"

就这样，三年之内我还清了父母的所有债务，把他们接到北京同住，从此再也没有分开过。那时候感觉有爸妈在一起真好，尽管每天的工作还是那么忙碌，但是做起事情来心里比以前踏实多了。这时候我意识到，自己是父母的依靠，所以有责任让他们过上更幸福的生活。那么究竟自己应该怎样兑现心中的期望呢？思前想后，最终决定，不管怎样都要闯出一条属于自己的路。

就这样我将自己的事业定位于"美业"，用心去学习，倾情去工作，并不断寻找和创造着成功的机会。每当有了一个独处的时光，我就会用笔记录下内心的感悟，让自己对未来的发展前景有一个更深入的剖析和认识，我开始尝试规划，在心中不断构思着自己的事业。那个时候，我经常把自己想成一个专业的美容机构领导者，手里有好几家连锁店，每天这些店面都会出现各种不同的问题，而面对这些问题，自己又该如何解决？就这样，我把这件事当成了茶余饭后的自我游戏，我不断地对自己提问，然后不断在工作中寻找答案，时间一长，能力便有了突飞猛进的提高。眼前的店面，从一个抽象的概念，慢慢变得清晰起来，精细到了每一个细节，如何设计装修？如何进行员工培训？如何有效地对产品进行选择？营销模式是什么样的，账目财务管理应该怎样运作等等一系列的规划，逐渐在我的头脑中形成体系，于是我开始意识到，自己内心渴望实现的那一步，已经越来越成熟了。

如今名媛已经成为一家国际化的医疗美容连锁机构，分店已经遍布全国，走向世界，实现了一个又一个的飞跃。而每当我回想起当年开第一家店的欣喜，嘴角仍旧会露出熟识的笑意，一切都是那么有条不紊，一切都在意料之中呈现了。几十年的努力耕耘，如今的名媛正朝着更高的目标迈进，我不但打开了实现梦想的大门，还交到了众多志同道合的朋友，拥有了强大阵容的团队，也拥有了一大批对名媛青睐信任的客户。而此时的自己突然意识到，一个人的成功并不代表什么，真正自身价值的体现，来源于对别人爱心的传递，让更多人的生活因为你的存在而美好，才算是真正意义上的幸福。

于是，我感觉身上的责任越来越重了，一种企业家本能的使命感开始不断地在心中涌动，仿佛在说："爱丽，走了这么远的路，你已经完成了一次美丽的蜕变，而后面的人生还有更重要的事情要做，你要让更多人幸福，要成为传递正能量的载体，你要帮助更多的人看到希望，他们就在远处等着你，需要你的帮助，需要你的分享，也很愿意与你一同创造更美好的幸福，更伟大的成就。"于是从那一刻，我下定决心，一定要成为美好能量的传递者，用自己的爱去努力温暖这个世间更多的人。

上师说："能量是可以彼此传播的，真正强大的内心，是可以让接近他的人瞬间感受到和他一样的平静和安乐的，佛陀是如此，众生也同样有能力做到。我们可以成为正能量的载体，可以成为地心上的正念引力，将美好的一切吸引过来，再传播出去，最终身边就会不知不觉地汇聚起一股强大的能量，一种所有人都能感知到的幸福能量。"在思想不断升华的过程中，我开始意识到，当我们的内心真正放下一切的需要，只专注于满足别人的需要时，付出多少的努力，就能获得多少人喜悦的欢笑，而这才是自己生命中最幸福，最有意义的事情。

人生就是一个成长、成熟、成为、成就的过程。我们每个人都是正能量的载体，每个人都是宇宙中幸福的光束，我们要将温暖传递给更多的人，要让他们在追逐与幸福中觉醒，迎着更精彩的篇章，唱着最动听的歌，一路奉献，直到永远……

▶ 转念:
世间纵有烦恼无数，转念便是柳暗花明

相由心生，种种的烦恼和忧虑完全出自于我们意念中的想象，你觉得它痛苦，它就是痛苦的，你觉得它快乐，它就是快乐的。人生的收获往往就在于一个转念，只要你能换个视角看问题，就会发现沿途风光与你的想象真的很不同。

（1）思路变了，境界就变了

一件物品乍眼看朴实无华，但转换个角度，说不定就是一件稀世珍宝。一条岔路看似是一种生命的迷失，但转变思路却意外地发现了更美的风景。一朵玫瑰花，欣赏的角度不同，给人的感受是不同的。如果只看到花下的刺，那么你只能活在充满荆棘的世界，但如果你能转变思想向上看，就会发现原来刺的上面，是一朵散发醉人香气的玫瑰花。尽管人生的旅程盛满了未知，但假如你很善于转念，就更容易从觉悟中成就自己。

生活是一边修行一边修心的过程，面对人生中的喜怒哀乐，我们能做的只有让自己的心智强大成熟起来，将自己的思想注满智慧之光，从此不再被不开心纠结，也不再为开心陶醉。让人生自主自在，让每一天因自己淡定的内心而变得安详美好。

算下来，自己在这世间也已走过了四十多个春秋，回想那往昔的风风雨雨，我首先想到的不是抱怨而是得到，我对曾经所经历的一切都心怀感恩，没有了它们，也就没有现在的我。它是我生命中的一部分，是绝对不可以缺少的一部分，它们让我学会了很多，直到翻回头来看的那一刻，才深深地被自己感动了。

尽管那个时候，自己因为家境的改变被迫辍学，未满十八岁就一个人只身来到北京，这里充满了机遇，也充满了竞争，有人在这里饱尝到了成功的喜悦，也有人在壮志未酬的失落情怀中伤感。而小小的我此时真的是两眼一抹黑，不知道自己的朋友在哪儿，也不知道将来意味着什么。心里只有一个目的，既然来了，就要把钱赚到手里，因为钱是最能解决自己家庭问题的东西。

于是很长时间，我都过着在别人眼中，没有快乐没有自我的生活。在那个最爱美的年纪，我没有一件漂亮的衣服，没有一件属于自己的化妆品，更不要提什么家世和学历。每天要做的就是早早地起来，然后到了夜深人静的时候才拖着疲惫的身体回家。每当有朋友问我："爱丽啊，面对曾经的那些苦日子，你就一点也不觉得遗憾吗？"而我只是笑笑，坚定而从容地告诉他："一切都是最好的安排。"

没有这段经历，我想我不会如此珍惜现在，如果没有这段经历，我就不会那么深刻地理解到父母的不易，没有这段经历，可能我还一直身处在父母疼爱的温床里，而那自立自强的潜力不知道什么时候才能被激发出来。没有那段经历，我就意识不到知识的可贵，我或许会忽视很多深入学习的机会，走上的是另外一条与当下截然不同的路。

所以每当我翻开相册，看到当年那个带着稚气微笑的自己时，心中最想做的事情就是去好好地拥抱她，感谢她曾经的坚持和努力，感谢她那股不认输的精神，感谢她在无数夜晚独自深刻的思考，才有了我今天如此幸福喜悦的人生。假如人生可以重新来过，我还是会选择如今的父母，还会选择这样坚忍不拔的人生态度，我还是会来到这座大城市，即便赤手空拳，仍旧无惧无畏。我相信自己可以凭借自己的努力创造更多的财富，在这个相信能力的世界实现自己人生的价值。我仍然会在面对困境的时候选择微笑，因为我相信，只要是我想要的，就一定可以得到，只要是我想超越的，就一定可以超越。

这个世间，幸运与不幸，往往来源于我们对它的看法和感受，至少在我看来，曾经所经历的种种所谓的不幸，在转换了角度以后，都成为我生命中的幸运。它是一枚具有神奇能量的幸福种子，总要为破土而出的那一刻经受历练，为了这一天它必须不断地为自己储备能量，不断地强大自己的内心，这样才能以最饱满的状态迎接太阳。每当想起这一切，灵魂就倍感温馨和滋润，它让我的人生更加坦然，更加快意，更加随性，更加安详。

人生就是这样有趣，一件看似很糟糕的事情，转念一想竟然是上天恩赐给自己最美的提示。假如你可以带着好奇心去发现、去回味，总是能够从中咀嚼到生命不一样的味道。所以如今的我，对任何事情不排斥，也不急着评论，时刻保持平和的心态，淡然地对待一切。我努力在每一个境界中寻找拐点，不断地转换自己看问题的角度，发现沿路的风光与自己想象的真的很不同。

曾经读到过这样一个难忘的故事：

在俄国爆发革命的前夕，一名神父在路上遇到了一位士兵，士兵立刻警觉起来，拿起枪对准神父说："你是谁？到哪里去？你为什么来这里？"听了这三个问题，神父反而笑了起来，毫不惊慌地问道："他们每天给你多少钱？"士兵一听有点惊讶，但还是快速地回应道："25卢布！""哦，亲爱的，我有一个提议"神父沉思了片刻说道："假如你每天都把我拦在这里，强制我回答这三个问题，那我每个月会付给你50卢布。"士兵听了，思想片刻，最终收起了枪，向神父深深地鞠了一躬。

人生需要转念，乍看我们遭遇的是痛苦，但只要稍微地变换一下位置，你就能从中发现丰富的宝藏。其实在我们每个人的心里，都应该有这样一个士兵，都应该时刻提醒自己这三个问题。神父不过是让对方的话拐了一个弯儿，却瞬间升华了这三句话的层次。其实每个人的内心深处，都存在着这种智慧，思路转变了，眼界就跟着转变了，而人往往更容易在这转变的过程中成就，提升了觉悟，也丰富了自己。

（2）如果此生能够换一种活法…

一个女孩儿失恋了，邀请我到她家做客，一进家门，给人的第一感觉是一片狼藉，衣服胡乱地堆在洗衣机上，床上也堆满了杂物，梳妆台前有些瓶瓶罐罐都还没有扣上盖子，厨房里，葱头和胡萝卜斜躺在菜板上，吃过饭的锅还没有来得及刷。一看就知道，这家的主人目前思维凌乱，精神不振。我问她屋子怎么会变成这样，她的回答是："知道您来，我还下意识地收拾了一下，如果没收拾状态可能更糟糕。"这话让我大吃一惊，真的很难想象没有经过她收拾的屋子会成为一个什么样。

于是我直奔主题问："你是不是还是觉得自己没走出来啊？"她点点头说："嗯，感觉房子里到处都是他的影子，一会把我带到以前的甜蜜，一会儿又让我气不打一处来，根本就没有那个心情收拾屋子，感觉乱点反而能把那个阴魂不散的家伙盖起来。这样自己就能透口气了。"听了这话我建议她要不然给自己换个新环境，一切重新开始，境遇说不定会发生改变。她迟疑地看着地面，深邃的眼神里包含着孤独与迷茫。

看着她不在状态的样子，我在心里不断地寻找着打开她心门的钥匙，无意间嘴边飘出这样一句话："亲爱的，假如生命可以让你选择换一种活法，你愿不愿意抓住这个机遇，彻底改变自己呢？"她听了这个问题，顿时愣了两分钟，随后闭上眼睛开始认真思考，给我的回答是："我会，而且绝不像现在这样，我一定不会因为一个男人而将自己打败，我会为自己好好活，让那个该死的他见鬼去吧！"

"那就从现在开始发生改变啊！"我顺势说："人活一世，经历的就是哭哭笑笑，总有人会走近你，也总有人会离开你。但随着时间的远走，他们的影子都会黯淡下来，唯有你还在走着自己脚下的路。别人有别人的生活，有别人的故事，而这一切似乎与你没有多大关系，你需要的是全然接受自己，爱惜自己。你的选择决定了你身处的环境，假如你要光明，那就一定要学会熬过黑夜。"

"可我怎么出来呢？我找不到出口，我找不到啊！"女孩儿抱起头，伤心地流出眼泪。

看着她难过的样子，我抓住她的手认真地说："世上没有真正的受害者，只有缺乏勇气不愿意去面对真相的人。其实每个人都有帮自己度过劫难的法宝，如果你觉得没有，只是你还没发现而已……"

说到这，我想起了自己的曾经，那时候生活工作很忙，住的地方条件也很差，可自己的生活状态却是相当好，每天照样会把屋子整理打扫得干干净净，把床铺得平平整整。只要有闲下来的时间就会捧起最喜欢的书，或者伴着夜晚昏黄的灯光在日记本上开始与自己交流，这一切都让每一天的自己充满力量，即便碰见不开心的事情也会及时做出调整，不允许这种状态持续得太长。当然我也会出现不知所措的情况，但那时候我会冷静地问自己几个问题："爱丽，假如人生可以换一种活法，你希望怎样活呢？假如你已经想到了自己的活法，你应该为这种活法做些什么？"

就这样，一些消极的念想通通地被抛开了，剩下的只有一个更为空旷的思想空间，我将眼前的一切看成一项课题，不断在内心填充着正念的成分，我开始将这种痛苦的感觉分割成一个一个非常小的部分，并在每个环节里加入对未来美好的展望。我用明天的幸福感去影响当下的自己，开始专注于事情本身，而不再专注于痛苦，反而很轻松地解决了问题。

所以在我看来，人生的幸福感在于意境的创造，生活不是我们想让它什么样子，而是我们要把它创造成什么样子。面对人生，不同的人有不同的态度，但总有一些人不管身处在什么环境，都能让自己幸福快乐地活着。即便是再难熬的日子，他们也会把它活成一首诗，这看起来很难，但关键在于你要不要为此付出行动。

于是我将自己曾经的这些经历分享给了那个女孩儿，并鼓励她说："倒霉总会过去的，只要你愿意，现在就可以把未来分解成一个个可操作的事项，每完成一件事悲伤就会少一分，给自己安全感，让自己受到关心和呵护，就可以一点点从痛苦中解脱出来。这个世界上总有比你更惨的人，他们的生活凌乱无极，难事儿铺满了一地，却依旧笑容灿烂。不是他们法力无边，而是他们总能在难熬的日子里，找到让自己分散痛苦的支点，不断地转变思路，找到更有意思的活法。"

此时的女孩儿心思淡定了很多，我拍着她的肩说："我相信你是个聪明孩子，绝对不会用过去的事来惩罚自己？有一本书上说：'没有谁是一座孤岛，每个人的人生都有无限可能。'看看你的可能在哪里，新的活法在哪里？找到了它，你就有了属于自己的新起点。以你现在的状态，什么都不如好好地珍惜现在，你应该努力地让自己成为生活的受益者，带着希望点亮明天，好好地对待自己。"

女孩儿若有所悟地点点头，我们一起下楼吃了个饭，站在天桥上看着霓虹灯照耀下的夜景，我告诉她在我眼里霓虹灯是最美的，它曾伴随我走过一段又一段迷茫的夜路，在天亮起的那一刻给我带来了觉悟。而今再看霓虹灯时，脸上是一片灿烂的笑容，因为我已经找到了自己最满意的活法。女孩儿对我说，她再也不会颓废下去，她也要找到令自己满意的活法。

所以，无论当下的你人生境遇如何，都不要在消极状态里过分纠缠，因为痛有时会上瘾。及时调整自我，不断给予关爱和祝福，心中就会重新装满希望。人生有限，不要总把它用来痛苦，每当黑夜来袭的时候，别急着伤感，冷静下来问问自己："假如换一种活法，你将如何去生活？"然后闭上眼睛，让心温暖起来，告诉自己："假如这个选择还不错，就朝着这个目标努力前行吧！"

▶ 本我：

自度方得喜悦，自修才能修足

人生是一个自度成长的过程，它或许来源于对痛苦的领悟，不曾经历就感受不到什么才是真正的快乐。尽管在这场旅途中有得有失，却怎么也无法心存侥幸地挽留下什么。天虽慈爱，却更青睐自度的灵魂，在自度中喜悦，在自修中修足。用心接纳自己，用真挚的情感去拥抱自己，你就会离那个内心的本我越来越近，当眼前的路越来越明朗，脸上的笑容也会越来越从容。心是明亮的，思想是通透的，人生便不枉费走这一遭。自度得度，自修多福。

（1）接纳自己，是对此生最大的厚待

曾经有个姑娘对我说："爱丽姐，不知道为什么，我现在真的一点都不喜欢自己。看着别人要相貌有相貌，要能力有能力，自己怎么努力就是达不到目标，心里就特别难过。有些时候觉得上天真不公平，别人轻松就可以得到，自己拼尽全力也难以实现？每当想起这些，眼泪就开始花花地流，那心伤的滋味儿，都不知道用什么语言形容了。"

听到这话我很心疼，关切地对她说："亲爱的，千万不要这么对待自己，因

为人生最该善待的人就是你自己，只有你善待了她，她才能帮助你创造更多的希望。你想想看，你的灵魂和身体已经为你付出了很多。它们带你上路，陪你打拼，不断为你点亮灵性的火把，一口口地喂你吃饭，帮助你补充能量。她是那么积极可爱，你有什么理由不去爱她呢？所以努力的给自己一个拥抱吧！全然地接纳她，只要已经做到了最好的自己，就不要再去考虑其他。一个人只有深深地爱上了自己，才有能力改变自己。但前提是，你真的意识到内心深处的需要了吗？"

曾经听过这样一个故事：

有一个落魄的年轻人，蹲在庙门前痛苦万分，一位老和尚出来问他出了什么问题，年轻人答道："我一点都不喜欢自己，我的命运实在太悲惨了，看来我的未来是没有什么希望了。"老和尚一听，笑笑说："那我来看看你的命运。"

于是他摊开年轻人的手，一边看一边比划着说："这是生命线，这是事业线，这是爱情线。"

年轻人好奇地看着老和尚说："您看懂我的命运了吗？"

"看懂了！"

"那，那您给我说说看啊！"

"呵呵，命运在哪里？命运就在你自己的手心里啊！你不去接纳自己，自己又怎么能改变命运呢？小伙子，做人要先学会百分之百地接纳自己，接纳自己的不足也接纳自己的优点，用心地承担起对自己的每一份责任，这样你才能有能力更好地改变自己的人生。接纳自己才是对生命最大的厚待。你厚待了自己，命运自然也会跟着厚待你了。"

听了老和尚的话，落魄的年轻人若有所悟，他再也不意志消沉，而是开始积极努力起来，经过一段岁月的打拼，他成了当时富甲一方的商人。

生活中我们发现很多人对自己并不满意，甚至有少数的人都在讨厌现在自己的状态，越是讨厌越是没有动力，越是会逃避，觉得命运对自己不公，殊不知生命中一切的一切都是我们自己为自己打造的，你不去学习接纳，又何谈去改变呢？

有人曾经对我说："爱丽姐，虽然我现在活得让人嫉妒，但是他们不知道我其实特别讨厌现在的自己，我每天都在努力地讨好别人，每天都活得很累，我有时候根本不知道真实的自己到底是什么样子，我失去了自我，这让我活得很迷茫，很没动力。有时候想：'赚再多的钱有什么意义？自己都没了，要这些钱有什么用？'可第二天醒来的时候，自己又再次习惯性地变成了自己讨厌的样子。"

听了他的话，我下意识地为他灌下了一口苦药："这是你自己为你自己选的，你喜欢和你讨厌的样子相处，上瘾一样的享受着这样的状态，还找出那么多不能做出改变的理由。你以为别人都喜欢你讨好的样子吗？其实想找回自己很容易，把一切全然接受下来，然后认真思考一下怎样才能成为最满意的自己，然后对他负起责任，告诉他一定要有所改变，要不然你就继续对那个自己讨厌下去吧。"

美国作家 Debbie Ford 曾说过："与其做一个好人，不如做一个完整的人；做一个好人，只是活出一半的自己；而做一个完整的人，则是活出全部真实的自己。"生活中很多人都会遇到这样类似的问题，总觉得自己活得不在状态，别人的生活一片大好。所以心里会感慨："怎么别人会与自己融洽相处，一派和谐，我却把自己一逼再逼，将自己逼到无路可退呢？"

要我说，恐怕主要原因还是在自己吧？用心地问问自己，你真的能做到与自己好好相处吗？你总抱怨他给你带来了痛苦，又什么时候切实在意过他的感受？你真的接受了他，包容了他吗？不要忘了，那可是自己！是一辈子也离不开的自己啊！

所以，亲爱的，用心去爱自己吧！接纳自己是对生命最大的厚待。当你真的学着去努力与自己相处，用心去倾听他的需要，就一定会从中得到更多。人来到这个世界上首先要学会的就是与自己和解，心不困惑了，美好的一切才会如约而至。

（2）厚德载物，修德就是修福气

有一次店里请来一位专家做讲座，这位德高望重的老教授已经 60 多岁，当他在我的陪伴下推开办公室的门，有两名医生很快做出反应，站起身来礼貌地向他问好，而别人只是象征性地打了个招呼，

事后老专家悄悄跟我说："您这里其他的医生我不知道，但是今天主动起来打招呼的那两位，未来一定是前途无量的。"于是我好奇地问："是什么让您对他们那么有信心？其实我们店里的医生每一位都是经过精挑细选，都是有非常优秀的技术经验的。"老专家听了笑笑摇摇头说："爱丽啊，一个人的才华假如没有德行的匹配，就好比是一台装修豪华的纸飞机，做得再精细，也是飞不上天的。"

听了这话，我一下子顿悟了，这位在行业里备受瞩目的老专家，仅仅通过一个简单的动作就分辨出来一个人未来的发展，由此可见德行对于一个人来说有多么重要，它是安身立命之本，没了它也就没有了其他。

孔圣人说："人生三戒：德薄而位尊，智小而谋大，力小而任重。"当一个人没有德行却登上了高位，对于其管辖范围的人来说就是一场灾难；一个人本来没什么智慧，却非要把他送上军师的位置，出来的主意可能一下就灭掉了自己整个的国家；一个人本来没什么能力，却委以重任，到时候完不成任务不说还不知道会惹出什么乱子。作为一个企业领导者，既要慧眼识人做一个专业的伯乐，又要时常反观自己，看看自己身上有什么问题，有没有触犯了这人生的三条戒律。

在我的人生经历中曾经看到过这样一个例子，明明自己可以借着机会再接再厉，把财富提升到一个新的高度，却开始骄傲自满，妄自尊大，追求享乐，最终在路上跌了跟头，到现在也没能爬起来。

那是在五年前，我认识了一个比我年龄小的小弟，通过一番努力的创业，三年的时间便组建了属于自己的优秀团队，开办了以设备销售为盈利项目的公司。很快生意做得风生水起，不到两年的时间就赚到了1000多万。一个三十出头的年轻人，一下拥有了这么多财富，他的状态一下子颠覆起来，先是买了一辆三百多万的车，之后天天住在高档酒店里不回家，光司机、助理这样头衔的人就有三个，随叫随到专门为他服务。用的吃的也全部追求最高端品质，俨然把自己当成了一个身价上亿的富豪。

或许是上天觉得他奢侈得太不像话了，想好好教育一下他。他的公司没多久就陷入了困境，股东之间有了分歧，各分两派，公司在斗争和混乱中迅速衰败，赔了好多钱，而我的这个小弟也因此又回到了他创业前的样子。

中国老祖宗有句话说得好："厚德载物。"一个人只有德行到一定程度，才能承载天地，才能成就大事。我的这位小弟或许一开始就不明白，财富是通过什么而来的。曾经的自己心怀远大，积极进取，所以上天才给了他应得的鼓励，但当他在物欲面前冲昏头脑，抛弃了德行之本，开始肆意享乐，时间长了周身围绕的都是不思上进的习气，时间一长自己的那点福报散尽，厄运自然会飘过来给他一个当头棒，为的就是让他能够记住这个教训。不管做什么事，都不能太飘，当一个人在欲望之下心开始飘飘然的时候，祸患可能就会在这时候潜伏着一点点靠近你。

中国道家的老子说过："福兮祸之所依，祸兮福之所伏！"一个人遇到的是福还是祸主要原因看的还是自己的德行，有了德行才能开慧，开了慧才会具备强大的能力，由此看来，人生最重要的一件事就是自己的道德修养。而人生旅程的本身，就是一场断除自身贪嗔痴慢的修行。每天反观自己，用心地反思功过，对好的境遇没有痴心，对坏的境遇也不动情，将更多的精力专注在自己真正要做的事，不断付出，不断奉献，灵魂才能升华，人才不至于被欲念的魔鬼吞噬了自己。

人生就是一个自度的过程，看清本我，倾听内心世界最纯正的声音，生命就不会因此而迷茫，这样的自修才真正有意义。生命所谓的修足，无外乎"德行"二字，先把德修好了，一切自然会得到。

第八章

取舍——
放不下欲念，人迟早是要累的

　　生命之妙处，均在一舍一得中。得是一种感悟，舍是一种智慧。人生痛苦的来源，就在于一个放不下，可包袱太多迟早会累的。生活的烦恼，就在于一个舍不得，可心里事儿填得太多会闷的。在我看来，无争便是自在，豁达一点，方能宁静致远。当我按下那颗敏感的按钮，重新审视那些回避取舍的你我他，竟然整个人都被震动了，欲望的陷阱那么多，人很容易无形地被"绑架"，与其在其中纠缠，不如专注地做好自己。取舍之间，留下的一定是自己需要的。

▶ 选择：

一年挖十个坑，不如十年挖一个井

想成功吗？方法很简单，认准一条道，然后持之以恒地走下去，十年以后你就是这方面的精英。然而这个世界太浮躁了，浮躁到很多人都无法坚持自己的理想，路才走了一半，就已拐了无数个弯儿，我们想寻求捷径，却一次次走到了人生的岔路口。我们每天都在被"不可能"和"我想要"左右着，结果越是走，越是会迷茫。业内有句至理名言："跳槽穷三月，转行穷三年。"心不定你就只是在挖坑，但心定了，地下的水才会涌出来。人生没有几个十年，但相比于一年挖十个无用的坑，花费十年打出一口井也是划算的。

（1）是谁纠结许久，还是选择了原地

这是一个充满纠结的时代，我们每天都有灵感闪现，但到头来还是什么都没有做。并不是我们没有产生过去做的念想，而是只要再努力想那么一点点就会被诸多"或许""如果"搞得头痛不已。最终我们的意志消沉了，不再想继续了，那心中美好的亮点也在这种失落中暗淡下来。其实我们时常也想放手一搏，但真到了关键时刻就丧失了勇气，就这样三年又三年，不知有多少人纠结许久还在原地打转，不知道有多少点子在一天之中快速地流失，试想一下，假如我们每个人有

生之年都抓住一个点子，用自己的投入自己的一生去实现它，或许这个世界早就不知道要超前到什么样子。

回顾一下我们的人生吧！是谁宁愿忍受着邻居每天叮叮咣咣地吵个不停，发誓再也不要忍受这一切，可房租到期的时候又低着头续租了半年。是谁痛恨着毫无乐趣的工作，无数次下定决心不再续约，却在这一天好不容易要来临的时候，恨不得双膝跪倒求上司再给自己一次机会。是谁早就厌倦了一份感情，恨不得马上将它结束，却竟然在对方拿出戒指的时候接受了。

人生就是这样，我们的内心充满矛盾，我们明明知道自己想要什么，却偏偏无意识地让自己走向了另一条路。这究竟是为什么呢？从心理学的角度来说，人向往的是一种平稳没有波动的生活，一旦这种感觉让他觉得平稳，即便是这种平稳并不能让他足够满意，他也会义不容辞地坚持下去。可事实证明这完全是我们给自己设计的一个圈套，当我们走进这个陷阱的时候，就已经产生了一个无争议的事实，那就是："你必将错过生命中无数个真正的美好。你将为了这份所谓的'稳定'而失去这一切"，但我们显然从来没有为这种失去做好充分的准备。

曾经遇到一个邻居家的女儿，一次见面她羡慕地对我说："爱丽姐，我真的好羡慕你，我以前也梦寐以求地想开一家属于自己的美容院呢。"

"是吗？那要不要说说你的伟大计划？"我笑着问道。

"嗨，当时自己还年轻手里也没钱，所以……"对方面带尴尬地说。

"没钱可以努力去赚啊！你可以先去美容学校学习，选一家优秀的美容院去打工，从基层做起，一点点地做到领导层的位置，学习他们的管理经营模式，这样一边进行资金积累，一边学习美容院的经营策略多好啊？时机成熟就一定可以开属于自己的美容院了。"

"哎呀，当时我是想来着，可是那时候老公不让，说是女人最重要的是要小孩儿，结果我们就生了孩子，一生孩子就更没时间了，天天都得围着孩子转。最后没办法，就找了一个街道办公室的闲职，混到现在，每天上班下班的不思进取，那地方只要你不犯原则性错误，就没人开你，每个月就拿那么有限的一点点，我也觉得没劲。"

"那现在孩子都大了，你也没什么事儿了，为什么不出来尝试着完成自己的梦想呢？"

"都这么大岁数了折腾什么啊？再说再去美容院打工人家也不要我啊。"

"你不是有会计证吗？你可以以另外一种岗位进到他们的企业里学习啊。"

"可是那里也不稳定啊，等我学会了指不定政策又有什么新变化了。哎！咱就没那致富的命，还是老老实实做个普通人吧！"

听了这话我就没有再搭岔了，心想这不是你命运的问题，是你自己选择的问题，纠结来纠结去，有那么多可以选择的路，自己一句"算了吧！"就全部给堵死了，这还能怨谁？你自己想在那里原地踏步，别人想帮你都不知道怎么帮，既然如此还有什么好抱怨的？

真正的成功者都是努力到无能为力还要再加一把力的人，这种坚定的品质是需要用我们的毅力不断地坚守的。这就好比很多人喜欢懒床，明明知道第二天还有一大堆的事情要做，也发誓要早起，可偏偏就是拒绝不了熬夜的生活，早晨闹钟响了三回，却还在沉迷于被窝的温暖，在起与不起中纠结，最终好不容易起来，大把的时间已经流失了。但假如我们可以立场更坚定一点，在听到闹钟的那一刻，强迫自己起来，运动半小时，洗个热水澡，吃上一顿丰富的早餐，再看上一个小时的书后精神饱满地去上班，你一定会爱上这种感觉，并心甘情愿地将这种感觉保持下去。

所以，亲爱的，没有什么不可能，也没有什么不可以，一切都是你自己想出来的，你纠结了一圈还留在原地，而有些人已经像箭一样飞了出去，和人家比你差的真不是一星半点。人活着最大的遗憾，是上帝给了你一个不错的点子，你却最终把它当成了脑瓜一热。这个世界虽然没有随随便便的成功，却可以将无意中的一个点子变成自己终身受益的财富，关键看你要不要得到，是一定要，还是把它当成了那个"不过想想而已"。

（2）别让犹豫"绑架"了选择

一天开车上路，发现前面的车子始终摇摆不定，一会儿向左一会儿向右地犹豫不定。眼看前方红绿灯要变灯，后面的司机一个个开始鸣笛抗议，他也越发地紧张起来，最后直到红灯亮起，他也没有搞定自己的方向盘。

这时候坐在旁边的闺蜜开始愤愤起来："那人可真肉，这样得多招骂啊，这点小事儿都犹豫半天，还开车呢？"我听了摇摇头说："这已经是常态了，方向盘上小犹豫一下无所谓，只要别出交通事故就一切OK，让人头大的是人生决策上出问题，一会儿想干这，一会儿想干那，结果哪个都没干成，一辈子就这么耽误过去了。"

"是啊！现在这样的人实在太多了。"闺蜜接茬道："你就每天看着他们犹犹豫豫的，根本就不知道自己要干嘛。"

"所以这就是差距，聪明的人只要自己想到就马上立竿见影地做到，人生有限，谁给你那么多时间犹豫啊！向左也不是向右也不是，那就自己去失败好了。所以你看到有人生活得好，有人生活得不好，问题往往先出在脑袋，紧跟着就是行动。"

听我这么说闺蜜惊讶不已："行啊爱丽！你什么时候成哲学家的？这么高深的悟道？"

"这算什么高深的悟道？这就是感慨啊！遇见的事儿一多，往旁观者的角色一站，就能把人生看得很清楚。你就说人这一辈子，真的有很多地方可以提升亮点，但就是这么一犹豫，什么也没得到，这样的人真的太多了……"

写到这儿突然想起了小时候听到的一个故事：

一个穷和尚要去很远的地方取经，临走之前来拜会好友富和尚，富和尚一听他要去那么远的地方取经，就嘲笑他说："就凭你现在的情况，怎么可能呢？我想去那个地方很久了，但是一直没有准备好，所以到现在也还没去成呢。"穷和尚一听笑笑，什么也没说。

一年以后穷和尚再次来拜会富和尚，问他有没有去那个遥远的地方取经，富和尚摇摇头，说自己依然没有准备好，而这时候的穷和尚却笑笑说自己已经把经取回来了。富和尚一听很惊讶，问："你是怎么把经取回来的呢？"穷和尚指指手里的托钵和水瓶说，就这两样东西，足够用了。

这个世界每天都会生产出各种各样的新点子，但真到做的时候，很多人都犹豫了，开始担心这担心那，在做与不做之间游离。而身边的人更是会在一边敲锣边地说："我告诉你啊，如果出现了这样的情况，你小子就得吃不了兜着走。"于是心里开始恐惧了，顾虑越来越多了。有些人想，我得把事情想周全一些，可这么一想就过去了好几年。有些人则干脆选择放弃，消极地对自己说："算了吧，点子不错，但你真有那个能力吗？"于是，我们就在这样一个又一个错过中经营着自己的人生，一次次地从非凡落入平凡，最终在一次次失落与不自信中成为这个世间沉默的大多数。

马克·吐温曾经说过："我的一生曾经经历过很多糟糕的事情，其中只有一部分事情真正地发生过，其他糟糕的事情都是我们想象出来的。"有时候我们的大脑就是这样喜欢跟自己开玩笑，越是相当不错的点子，越是会想出多种的"不可能"来折磨你，让你游离不定。要想赶走这个不断制造烦恼的魔鬼，那就让自己快速地行动起来，不管前面的方向对自己意味着什么，只要坚定了信念，就一定要去做。当你勇敢地迈开自己的第一步，一切的坚持和努力就变得有意义起来，紧接着第二步、第三步，也跟着顺利了。有句话说得好："千里之行始于足下"，没有切实的行动，何谈进一步的规划，真正的成功不是纸上谈兵谈出来的，而是一步一个脚印地做出来的。

所以，从现在开始断除自己那个游离不定的坏毛病吧，告诉自己，只要想好就去做，不管结果如何至少不会让自己在未来的日子后悔。马云因为对自己想象的坚持有了一个强大的阿里巴巴帝国，乔布斯因为对自己创意的坚持，用一个苹果敲开了一个崭新的科技世界，而你也有这个能力和资格，只不过要看你愿不愿意去做。

别再被你的犹豫"绑架"了，因为你的点子对于这个世界来说弥足珍贵。

▶ 排解：
做不了自己，你只能假装很幸福

回望茫茫人海，所有人都在努力把自己最光鲜的一面展现给别人，然而当回到家里，脱去那身雕琢精致的伪装，内心的孤独就会彻底暴露。试想一下，假如别人眼中的完美只是假象，眼前的路也并非一片光明，为什么每天还是要在人前人后显出很幸福的样子？与其如此，不如努力为自己找个出口，放下心中的那份隐忍，痛痛快快做自己，让自己活出自己真实的样子，无论在别人眼中是好的，不好的，至少在自己眼中那是我们自己。

（1）其实……做自己也不错啊

有时候觉得企业里的一些做员工的小姑娘很可爱，每天欢喜悲伤都会挂在脸上，今天很开心，就会像快乐的小鸟一样对我说："爱丽姐，今天客户对我特别满意，我一定会再接再厉，我一定会越做越好。"明天不开心了，表情就会很失落地说："爱丽姐，今天不知道为什么，男朋友一个电话把我说得一无是处，我心里特别委屈，回想起这么多年在外打拼，这么努力到底为什么啊？"每次遇到这样的情况，我都会用心地给她们一个拥抱，开心的时候如此，不开心的时候也如此，因为在我眼中无论是逆境还是顺境，我们最应该做的就是给自己一个拥抱，拥抱那个不断成长的自己，拥抱那个明知道不完美却仍然向着完美努力的镜子中的人。

曾经店里有个女孩儿问我："爱丽姐，有时候走在大街上，看着那些衣着光鲜的漂亮女性，心里总会好生羡慕，觉得每一个人都过得比我好，自己的人生是那么的微不足道。甚至有些时候这一切让我觉得自己渺小得都没有意义。"听了这话我赶紧做了暂停的手势认真地对她说："不要这样想，要努力想自己真的很幸福，人这辈子最不要做的就是羡慕别人，因为每个人的天性就是喜欢把最光鲜的一面展现给大家的，但等到自己真的摘下面具，你知道他所真正面对的一切是什么样子吗？有些痛是无法与人分享的，只能在夜深人静的时候自己消化，而相比之下你反倒是他们羡慕的对象，比他们要幸福得多。"

曾经有一个非常要好的朋友，人长得相当漂亮，那身材和长相真的不亚于任何一个当红明星，她所带领的团队业绩一直在业内数一数二，在社交能力上更是没有话说。每到企业峰会，或是某大型晚宴活动之际，穿着光鲜亮丽的她总是能成为整个人群的焦点，男人为他纷纷举起酒杯，女人则在一旁种种的羡慕嫉妒。那时候感觉，人活成她这样，不说是人上人，也是扒拉手指头都能数得过来的幸福角色。

一次我们一起参与重大晚宴活动，因为结束时时间已经很晚，她主动要求开车送我回家，路上我们聊得很开心，这时我羡慕地说："哎呀，你看你，现在活得多潇洒，谁要是能活成你，那滋味美得估计都要上天了。我们企业里就有几个小姑娘心里默默地拿你当偶像呢！要不赏她们个签名呀？"

可没想到听到这话的她顿时沉默了，停了好久说："我有什么好羡慕的，人到了一把岁数还这么瞎混，至今还是一个人，你知道我多想结婚吗？可是没人要我，我妈每次回家都为这事儿数落我，弄得我烦得要命，一过节就跟上刑一样。"

"得了吧！是不是你要求太高了？"我继续打趣地问。

"你觉得我还敢提要求吗？前段时间相亲遇见一位男士，我觉得挺好的，但人家把我给拒绝了。原因是想生孩子，但是我这样的年龄已经算是高龄产妇了。就这么简单，就把我 PASS 了。"

"以后还是会有机会的，至少你事业做得很好啊！"我下意识地安慰说。

"事业？呵呵，你是没看到我痛苦的时候，前几天为了谈一个客户，晚上差点被性骚扰，还有昨天为了项目能最终定下来，喝酒喝到吐，结果怎样，今天照样得该化妆化妆，该陪笑陪笑，这样的事情是家常便饭。哈！我已经不在乎了！爱丽，你现在可以问问你店里的那些小姑娘还想过我这样的生活吗？"

听了这话，我沉默了！心里满满的都是同情。这让我意识到，每一个人光鲜的外表下未必埋藏的都是喜悦和阳光，当他们将虚拟的光环拿下来的时候，很可能心里也在有意无意地羡慕着别人，或许那个被羡慕的对象，恰恰就是在一旁对她羡慕嫉妒得快要疯掉的你。

人生是由自己定义的，在别人眼中的顺境，不一定是真正的顺境，在别人眼中的完美也不一定是真正的完美。最快意的人生就是放下这些逆与顺，完美与不完美的定义，开开心心地做自己。每个人都要自己走一段路，在这段旅途中，我们一点点地放下过去，才能把更美好的阳光照进未来。

假如人的一生中真的有什么事情是自己无法选择的，那么就带着微笑安静地接受它，把它当成一种经历，当成一种自我觉悟修行的工具，用心陪伴自己，努力地把那颗受伤的灵魂拉回到阳光里，没有那么多凄凄惨惨戚戚，只要仰望苍穹，我们仍然可以吟诵："江山如此多娇"的豪迈。发挥内心的能量，放松下来，正如诗人鲁米说的那样："此刻我们是苦痛，也是苦痛的解药，我们是甜蜜凉水和泼水的罐子。"

经历必然的经历，成长应该的成长，你会发现，做自己本身就是件不错的事儿。

（2）在体验伤痛的时候，学会微笑

我认识一位资历相当高的讲师，讲台上的她风姿绰约，但一谈及感情，脸上就总刮着一丝难言的忧伤。几年前她被爱人深深伤害，两个人相处了十年，突然有一天对方就不告而别地消失了，临走前还带走了家里所有的存款。

本来觉得已经有了十年的感情基础，所以这位讲师一直都是将所有的钱交给爱人管理。这一突发事件，让她一点心理准备都没有，顿时觉得泰山压顶，整个世界都昏暗了。就这样，本来在讲台上无比自信的她，因为接受不了现实，在家里哭晕过去好几次，根本不知道下一步该怎么办。

幸好身边还有几个不错的朋友，听到消息纷纷赶来出手相救，帮她熬过了那段最难的岁月。如今几年过去了，通过自己不懈地努力，这位讲师早已摆脱困境，再次站在了自己深爱的讲台上。

此时，有些朋友开始帮她张罗对象，鼓励她再往前迈一步，说不定下一段恋情会很幸福。但这位讲师仿佛心里有了阴影，一次次地退缩下来，她说自己得了情感恐惧症，已经再不敢轻易接受任何一段感情。因为每次一谈到情，曾经的回忆就会像放电影一样浮现，让她再次陷入伤感的深渊。

就这样，这位讲师人到中年还是孤身一人，气质良好，道德也很高尚，是大批学员心中的完美老师，但就是这样一个人，内心隐隐的痛，却怎么也无法在时间的长河中淡去，每当痛苦发作的时候，她就会陷入悲伤和恐惧，不知道如何出离。她曾经坦白告诉我："一个人的时候，我经常突然一下就翻到了过去，我极不情愿地回忆着，我努力地劝自己不要想，但每一次出现这样的状况还是会有一种惊魂未定的感觉。正所谓一朝被蛇咬，十年怕井绳，我想我心里是有病了。"我劝她还是要学会放下，因为过去的已经过去，曾经的伤痛是不可以影响现在的，难道真要用别人的错误惩罚自己一辈子吗？这样做真的值得吗？

每个人的人生中都会出现很多问题，而我们面对问题的第一反应，往往是一种极不舒服的体验。当悲伤、愤怒、沮丧、恐惧、低落、焦虑一点点地通过身体侵犯到我们的思想，人们首先想到的是逃避，因为那种感觉太痛苦，痛苦到自己不愿意去面对，我们不断地想出各种方法让自己逃离，可这种感觉却阴魂不散地始终跟着你，直到把你逼到死角，直到你落入它的手里。这时的我们呼吸开始急促，心里还在不断地重复着："我不要接受，我还能逃到哪里？"

抑郁是怎么产生的？在我看来，所谓的抑郁就是一个人习惯了与痛苦相伴的感觉，甚至已经适应了它存在于自我世界的味道，假如有一天它离开了，自己反而会觉得缺了点什么。那种感觉就好像是一只受了伤的小狗，因为外出觅食而遭受了殴打，所以当好吃的美食摆在面前的时候，自己却缩成一团，再也不敢靠近，想让它恢复天性，重新活泼起来，还要走上好远的一段路。

但在我看来，我们的身心是有强大的自愈功能的，真正的强大的灵魂，是允许自己去体验那种极为不好的感受的，当我们不再逃避，转过身去勇敢地面对它，并在这种体验中全然接受自己，勇敢地为自己担负起所有的责任，我们的呼吸就会慢慢安稳下来，此时你会发现，原来一切并没有那么可怕，我们完全可以把握好全局，顺利进入自我修复的环节，它会激发我们灵魂深处最强大的部分，让我们身心充满力量。好像在说："这不过是感觉，这个感觉伤害不了我，凡是杀不死我的，都能让我更加强大。"

此时的我们可以摆正心态，努力尊重身体上的每一种感觉，用心去观察、去体验，然后慢慢地将这一切放下，因为我们知道这一切不过是一种感觉，感觉是无法改变任何事的，而主动权始终都在自己手里。世界不会因为谁的吵闹而发生改变，我们的身体也是如此，感觉不过是瞬间造访的过客，只要我们能够好好地善待它，负能量很快就会消失不见。

所以，好好地去练习吧。在有限的生命里，我们最需要的是保持好和自己的有效沟通，我们不但要了解自己内心的需求，还要去理解它在不同阶段的感受。不管它是美好的，还是伤感的，不管它给自己带来的是怎样的结果，我们都应该拿出坦然的心去面对去接受。因为那是我们身体的一部分，我们必须无条件去爱他、施与他，让他渐渐从消极的黑暗中解脱出来，一点点体会到幸福的感觉。

我不知道多少人为得到幸福绕了多远的弯路，但我知道赢得幸福的方法其实很简单。全然地接受自己，然后努力地营造那份被爱的感觉。假如人生是场梦，就掠过那些不好的情境好好地睡，即便开始的情节难免有些伤痛，但只要自己相信一定会幸福，那它就终将用最甜美的感觉回馈你。

▶ 无争：
要求越少，越"自在"

　　一个人之所以活得越来越自在，不是因为得到的越来越多，而是计较的越来越少。在这个竞争激烈的时代，人需要的是一片恬静之地，需要在无争的世界里寻觅属于自己的心灵花园。无须刻意雕琢，无须取悦别人，更不必因为某人某事而过分纠缠，在这个花园里，只有你自己，只有你自己最想要的人生，简简单单，再没有欲望的牵绊。这时心里才真正意识到："原来要求越少，越容易找到幸福。"

（1）聪明的人，从不对事过分纠缠

　　果果是我朋友的女儿，最近她的心情一直都不好，问及原因，原来最近果果刚换了一份工作，在一家出版社做编辑，起初她觉得这项工作一定是非常有趣，可没想到事实却与自己想象的差距甚远。

　　"我真的受不了他们的那种工作方式"果果吐槽到："明明就是一个一千多字的前言，让你反反复复地改来改去，而且更令我头疼的是上面分别有 A、B、C、D 四个领导，好不容易改到 A 满意，B 又给全部推翻了，让 B 满意了 C 又不干了，最后好不容易三个领导都同意了，到了终极大 boss 那里一看，又都给否了，对方没好气地对我说：'你看看这是什么东西，能看吗？'而这时候 ABC 三个领导就会在一边帮腔，是啊，我们也觉得不对劲，让她改了很多遍都不成。"

果果越说越伤心："爱丽阿姨，你知道我当时的感觉吗？整个人都要崩溃了，最后控制不住自己趴在办公室里哭，一个'前言'至于把人折磨成这样吗？这件事在我的脑海里天天都在闪现，让我对自己的能力产生了质疑，那种感觉实在是太痛苦了。我现在根本不知道该怎么下笔，他们每天都在为一点点小事，纠缠得没完没了，像这样的工作效率能有什么好的成果。但他们好像从不在意成果，已经习惯了在每个细节中挑刺儿，挑剔成了他们每天工作的内容，想想看吧，和这样的一群人在一起工作有多累。"

听了果果的悲惨遭遇，我摇摇头说："如果你说的是事实，那我还是建议你换一个工作环境，和能给你带来成就感的老板一起工作。因为在我看来，管理层次越高，越不会对事过分纠结，他们更懂得宽容，更知道如何引导下属。而刚才你说的那些领导，似乎都还处在领导的初级阶段，如果你在那里再继续下去，不但人会越来越没有自信，这种死板的管理方式还会让你的思维受到局限。如果是那样的话，就实在太可怕了。"

人生最重要的是快乐，生活在反反复复的计较里，会让你的人格变得狭隘，想找到自己真正的幸福感，不在于拥有很多，而在于计较得少。一个人如果真的想看清事情的真相，那首先要放下那份对事情的牵绊，不带任何偏见和感情地看待一切，才能在最终发现问题，根除症结。假如自己这时候一味地计较，去推卸责任，将注意力集中在那些不必要的对对错错，那么不但浪费精力，还会耽误更多宝贵的时间。

曾经有一个朋友就坦白地说："爱丽，回想当年，年轻的我对自己要求很多，计较的也很多，但计较来计较去，我没有得到什么，反而失去生命中最重要的东西。到了这个岁数人一下子觉悟了，面对下属身上的小毛病，自己也可以包容了。

我不会再轻易发脾气，也不会跟别人过多地计较什么。因为我知道，这个世界上没有什么是完美的，你越是挑剔，越是会失望。而当你去体谅他人的时候，首先放过的就是你自己。"

那么是什么原因引起内心的计较呢？答案只有一个，那就是欲望。因为想得到的很多，所以才会总计较自己的付出与得到不成比例。这个世界才有了争夺，从而又衍生出了压力、痛苦、不平衡，有了种种我们不愿意去感受的那些坏情绪。纵观历史不知道多少人因为管不住欲望，最终在计较的路上痛苦了一辈子，一点点地迷失了自己本来的样子。

《后汉书·郭泰传》记载了这样一个故事：郭泰在太原的时候，一天在路上看到一个身背瓦罐前行的人，没走几步，瓦罐突然被碰掉在地上，只听"哗啦"一声，街边的行人都吓了一大跳。可让人没想到的是，那个行路人看也不看，继续走他的路，好像在他的世界里什么事也没发生一样。

郭泰看着觉得挺奇怪，就主动上前去问："为什么您的瓦罐都碎了，也不去看一看呢？"那人回答："破都破了，再看还有什么用呢？"郭泰觉得此人谈吐不凡，什么事情都拿得起放得下，是个奇才，于是劝他进学，没想到十年之后，此人就名闻天下。

一件事既然发生了，不去计较便获得了自在，而纠缠的过程，只会加剧损失。所以与其去为谁得谁失计较纠结，不如从现在开始专注于事情本身，有问题就专注于问题，能解决就努力去解决，不能解决就努力地接受，放下种种不该有的负面情绪，反而能够更快更好地将一切处理好。

所以，让我们都努力做个聪明人吧，不要为那些无意义的事情计较纠缠，过多地计较得不到什么，但无争却能不断地积累你的福报，有句话说得好"圣人无争故天下莫能与之争"，不再对别人挑剔，也不再对自己计较，眼前的路会更开阔，心也会更敞亮。

（2）不讨好了，先让自己开心

罗伊·马丁纳说："我生命里最大的突破之一，就是我不再为别人对我的看法而担忧。只有在我们不需要外来的赞许时，才会变得自由。"生活中我看到很多年轻人每天拼命工作，一加班就是十一二点，一问他们为什么这么努力，竟然答案是希望父母高兴，希望老板对自己认可。我不可否认他们的那份孝心很伟大，也对他们的敬业精神表示尊重，但却很想问上一句："你的人生难道不要为自己活吗？"

事实上在现实世界里，你会经常碰上将取悦别人当成自己人生终极目标的糊涂先生。不管做什么事情，脑袋首先想到的就是别人。"我下楼来就买了自己一份外卖，同事小王会不会生气啊？""如果我把这份策划案直接放到大 BOSS 手里，总监会不会很没面子？""如果今天我说很累不想做饭，老公脸会不会沉下来？""如果我说我想换份工作，婆婆会不会觉得我是在找理由不想工作？"总之，别人，满脑袋都是别人，却没有时间多问自己一句："亲爱的，你想怎样？怎样做才能让你更高兴。"

前段时间我在网上看到了一篇文章，标题为："誓为悦己者荣。"顿时心中感慨良多。人的生命有限，过分地为别人而活，会渐渐没有自己，你会忘记自己喜欢什么样的发型，会忘记自己的口味，不知道应该在嘴上涂上什么颜色的口红。你会忘记在生日的当天送给自己一份礼物，忘记在自己失落或欣喜的日子烹煮美食犒劳自己。总而言之，人生会因为缺乏悦己元素而乏味起来。

其实很多人都忘了自己为什么要恋爱，为什么要结婚，为什么要工作，这一切都不是所谓的为别人，而是为了最大限度地满足自己。恋爱是为了让自己生命中有个伴，多一个爱自己的人，让自己在热恋中感受温暖，在交流中彼此关心，我们不单单是要给别人快乐，也是为了要让自己快乐。

结婚，是我们人生中一个非常重大的选择，之所以这么做，更多的也是来自于内心的需要，我们希望回家再晚也有一盏为自己守候的灯，我们希望有这么一个人在睡觉的时候抱抱自己，一起靠在沙发上看电视。我们希望日子再忙两个人也可以一起吃早餐，然后带上们，手拉着手去上班。而这一切不单单是为了别人，而是出于自己的渴望。

所谓工作，老板的那句"Great!"应该是一件附属品，我们并不仅仅是为了得到别人的认可，尽管我们很需要钱。在每天八小时的格子间生活里，我们最需要的是愉悦身心的工作状态，我们应该不断地告诉自己："我之所以在这里，是因为我很开心，我要开心地面对工作，开心地面对人生，如果它没让我那么开心，我想我早就不会在这里。"

假如我们可以将角度转变过来，我们人生每天的 24 小时都应该是以悦己为中心的。这样的人生才是正常的人生，我们才能保证绝对的身心健康，带着笑容和积极进取的状态去迎接生命中的每一天。

著名主持人兼演员柯蓝说："从小到大我一直都在讨好别人，如今到了这个岁数，我真的讨好累了，只想做自己喜欢的事，只想取悦我自己。"这个世界只有自己是最了解自己的，假如你自己都不重视内心的需要，你还会求得谁会在乎呢？太多的人就是在没有自我的状态下，渐渐变得麻木，感受不到快乐，也感受不到悲伤，他们已经意识不到世间还有什么更好的活法，人来到这个世界上是为了更美地享受生活。每当要采取行动，他们会很自然地先想到别人，宛如自己已经成了他们的奴隶，倘若有一天这种感觉不存在，反而会让自己不安心。试想人生若是如此，岂不是太可悲了。

人本身都是独立的个体，我们需要用独立的眼光去看待问题，需要更多可以独立思考的空间，而太多人因为缺乏内心的安全感，而不断地在别人身上寻找依靠，而所要付出的代价就是慢慢地丧失了我们自己。事实上，最好的人生是让自己活得更鲜活、更真实，我们不一定要活出别人眼中的完美，但至少我们可以活出属于自己的那份完整，我们可以不再掩饰，大胆承认自己身上的缺点，因为人无完人，谁也没必要因为这份不足而过分紧张。曾经有个艺术家说得好："我特别希望我老了，最引以为傲的作品是我这一生的轨迹，就是我这不妥协的一辈子。"

　　人生短暂，一定要记得多把时间用来取悦自己，因为不管外面的世界怎样运转，人还是要为自己而活，正如你始终都逃避不了的那件事，要一个人去面对人生。

▶ 豁达:

每一个发生，都有天赐的惊喜

　　对于人生而言，除非你掌握了宇宙世界真正的秘密，否则真的无法决定下一秒自己会拥有怎样的经历，但幸福的是，不管我们经历了什么，都会收获丰硕的成果和财富，它是上天的赐福，是一份意外惊喜。面对无常的世界，保持一颗平常的心，无论酸甜苦辣，去接受它、体会它，心就会跟着豁达开朗起来。假如你也觉得，没有波澜的人生，必将平静得了无生趣，那就勇敢地接受生命给予我们的各种经历吧，要相信它指向我们的一定是一条幸福的路，因为我们的心本身就是渴望幸福的。

（1）越是锤炼，越有味道

　　那天完成手里的工作，便去慰问还在一线辛勤工作的团队，她们正认真细致的为客户讲解，为客户提供帮助和服务，直到最后一位客户带着满意的微笑离开。看着她们辛苦的样子，自己不知道是应该心疼还是鼓励。这时候中间有个女孩子开始撒娇地跟我说："爱丽姐，一个普通人在这样一个大城市，想实现梦想真的好难啊！每天如此疲惫，谁能知道在不久的明天自己会成为一个什么样子呢？"听了这话，我拍拍她的肩膀说："不悔初心，做好自己，让身心充满正念，早晚你会

188

与众不同。"

或许因为经历过和这些孩子相似的经历，我深深地理解他们在这座城市打拼的不易，也真心地希望给予他们最大程度的帮助和关爱。但从另一个角度而言，这何尝不是每个人生命锤炼的必经之路？人只有在这样的历练下，才能越来越强大，越来越自信，最终完成自我蜕变，拥有属于自己的味道。所以，每当他们感觉劳累辛苦，或遭遇挫折的时候，我都会默默地在一旁陪伴他们，不断地鼓励，却不过于干涉，因为我知道，只有几经考验而不悔初心的灵魂，才更受成功青睐，生命才会更丰富，人生才会更幸福。

回想自己小时候，虽然生在农村，但在那个物资匮乏的时代，小小的我在爸妈的疼爱下能吃到苹果、香蕉和糖果，一到春节，爸妈就会把一身漂亮的新衣服平平整整地放在我的床上，那时候爸爸是村长，我们家是村里第一个万元户，当时这样的条件，即便走遍全村也找不出第二个。

但没想到这些美好，会在我上小学四年级的时候化为泡影。记得那天放学回家，一推开门就看到院子里横躺着一个病人，几个人围在那里议论纷纷，父亲蹲在地上愁眉不展地抽着烟，母亲在屋子里独自哭泣。看到这样的情景，我赶忙跑去问爸爸到底出了什么事？爸爸低着头，一句话也不说，只听着那群人嘴里说道："人病成这样都没钱看，这年没法过，我们过不了你们也别想过。"

后来我才知道，那些人是来要债的，因为父亲承包的砖厂倒闭了，我们家一下欠了八万块钱的债，要债的人因为家里有病人没办法，就把病人横在了我们家，以此来要债。后来母亲把整个村子人的钱统统借了一遍，借了 2000 元，那些人拿了钱才一个个地散去。从那以后，我们家每天要债的人都络绎不绝，家里的生活完全改变了，好吃的水果和糖果不见了，漂亮的新衣服也不见了。爸爸妈妈的头发不到一个月就几乎全白了。

之后我考上了初中，学费是刚刚结婚手头也不宽裕的二姐资助的，那时候家里的负债已经接近十万。在那个家里有一万块钱都是富翁的年代，十万块钱的负债是一个天文数字。从那以后，家里几乎穷得连菜都吃不上，粮食自己舍不得吃，大部分都拿去换钱还债，真轮到自己家吃饭的时候，就已经接不上顿了。

记得那时候自己上初中要住校，爸爸每个月给我5块钱的伙食费，为了减轻家里的负担，我每次只花两块钱。除了主食和面条，其他的一概都舍不得吃。即便这样，高中没上完的我最终还是辍学了，因为那时候高中的学费要100多块，而家里的经济情况已经杯水车薪。所以办完辍学手续的我，决定到大城市去闯一闯，想办法帮爸妈减轻负担，赶紧把债务还上。

就这样，年少的我只身来到北京，不知道自己能做什么。恰巧当时有个老乡在做服装批发，便在她的指点下做起了倒卖服装的小生意。那时候的自己每天都是起早贪黑，早上两三点钟起床，晚上到了十点钟还没有回家，北京市里的各大展销会和那数不清的天桥路边都曾经留下我的足迹，至今每当我途经这些地方的时候，仍然倍感亲切。

三年的时间，虽然身在北京却没有去过任何一个著名的景点，每到春节的时候，年三十才坐上火车的我，初二就开始急着返程。三年的时间没有睡过一个好觉，每天脑子里想的就是快点赚钱，快点帮爸妈减轻负担。三年的时间没有吃过一顿好饭，买过一件新衣服，为的就是把所有的钱都攒起来，绝对不在自己身上浪费一分一毛。就这样经历了三年，我终于帮爸妈还清了所有的债务，并顺利地把他们接到了北京，一家人终于可以团团圆圆地在一起了，这种美好的感觉让我觉得曾经付出的一切都是那么值得，而现在的自己又是如此的幸福。

时光飞逝，当年的小丫头已经是个不惑之年的女子，她有了自己的事业，有了自己的家，通过努力换得了更为幸福的生活。每当回味当年的过往，嘴角便会淡然一笑，曾经的迷茫与伤感，早已在岁月的洗礼下淡去了痕迹，而心中的美玉，已经在无数的历练和雕琢下，展现出了清透圆润的光彩。

每个人的一生，都有自己不同的味道，生命本身都是自带光环的，我们在经历的过程中感知自我，在坚持的过程中点亮未来，我们相信自己能得到，所以明天一定不会辜负自己。这个世界上没有随便的成功，所以也不应有轻易地放弃。每个人都要在自我雕琢的过程中学会承受、不断磨砺，上好那堂学会坚持的必修课。所以用心提炼属于自己的味道吧，祝福自己早日明心见性，梦想成真。

（2）每一次成长，都是久别重逢

美国著名节目主持人欧普拉曾经说过这样一段话：

我一路挣扎，走过、哭过、逃避过，绕了一圈又回到原点，才开始与自己和解，开始懂得笑看一切……

然后，此刻，我确实知道的是，随我走过这趟旅程的你，将会拥有无与伦比的发现，因为你发现的，会是自己。

人生在世，春去秋来，一年便是生命的一场轮回，我们伴着晨起的太阳，辛勤地耕耘，在午间挥洒着痛并快乐着的汗水，而当累累硕果带着金灿灿的微笑向我们招手，我们的双眼却在着眼于更远的方向，尽管外面天气开始凉了，但一路追寻的心却从未磨灭，假如有一天能放下世间的纷纷扰扰，痛快淋漓地做自己，那是上天对我们多么大的成全啊！回想起来，我们已经太久没和自己交流，我们一再地忽视着他真实的需要，日子过得越来越忙碌，我们却把自己搞丢了。

人的一生是经历成长的一生，从赤手空拳地来到这个世界，到双手摊开着离开人间，中间记录的全部都是自己成长的故事。我们要在有限的生命里，完成自己的人生课题，光阴有限，纸张也不富裕，内容要求却很丰富。我们每天都在经历考验，但并不是每个人都能做到落笔有神。当自己与生命中的"本我"不期而遇，久违的亲切与感动就这样一点点开启了智慧，而当我们跟随回忆重温旧梦时，真切的觉悟便顺着经脉融入了血液，它是如此独特，如此美好，如此乐观，如此真实。

曾经有人问我，人生是什么？我告诉他："人生是一块生铁，只有不断地被熔炼，不断地敲打，才能最终修得百炼成钢。"

曾经的自己在事业和生活上也曾经遭遇过各种各样的困境，资金陷入瘫痪短缺，爱情选择遭遇迷茫，员工被对手瞬间挖走，这一切都打得自己措手不及。当这些事实摆在自己眼前时，说实话，心里也会发慌，也会不知道该怎么办。但我知道除了自己的脑袋和一双手外，我真的没有别的可以依靠的，所以每到这时，我都会努力地让自己安静下来，对自己深情地说："爱丽，不要慌，这不过是一场考验，你一定可以取得高分。"于是努力地做一个深呼吸，告诉自己一切都会过去，然后开始总结，全然接受，努力思考解决问题的方法。

当问题得到圆满解决的那一刻，我觉得整个人都轻松了，生命宛如经历了一场洗礼，终于可以在喜悦与成就中安住下来，此时觉得，柔弱的心变得更加刚强了，灵感将智慧的心灯点亮，它让我意识到了自己的强大，让我在不断的自我鞭策中成长，它让我在处理事情的过程中不断觉悟，让我知道什么才是人生最重要的。这个世界上没有几个人是天才，即便事情没经历过，也能每次想出绝妙的处理方法，这种能力大多是从丰富的人生阅历中得到的。人生只有经历过，才知道该怎么办，才会不断地从中总结经验，才会有能力把自己的下一次做得更漂亮。

每当深夜来临，我就会独自一人安静地回味一会儿过去，此时，曾经的自己就会悄悄地走过来和我说话，像一个小秘书一样帮我总结经验教训。而未来的自己也会时不时地站在我面前，向我描绘自己明天的样子。她仿佛就在那里喃喃地说："假如够努力，你会上升到这里，假如你不努力，你就只能在那里停留不前。"

说实话，我很享受这种与自己交流的方式，一个小时的独处，自己就会学到很多东西，它让我超越时间空间的限制，与每一时段的我互动交流，我们久别重逢，却来不及叙旧，大家群策群力快速地将力量凝聚起来，全身心地投入到当下的最重要的事。

192

　　我知道总有一天，钟表会定格在我生命的最后一刻，而那并不意味着结束，而是一个崭新的开始。我会走进一场自己与自己的团聚，与那亲密的老友重逢在一起。生命在成长中蜕变，境界在磨砺下升华，我不会抱憾于这样的旅程，因为它是我人生中不可缺少的部分，我珍惜那份自己给予自己的陪伴，在不同的阶段，在不同的境遇，那都是上天给予我最美好的礼物。

第九章

归零——
转了一圈儿，还是要回归起点

　　再过若干年，我们都将离去，对这个世界来说，我们彻底变成了虚无。我们奋斗一生，带不走一草一木，我们执着一生，带不走一分虚荣爱慕。人生难免顺境逆境，成与败，得与失，不如早点将这一切"归零"。古语云："三千繁华，弹指刹那，百年之后，不过一捧黄沙。"经历一切，释然一切，珍惜每一寸光阴，品读人生每一段历程。人生处处皆美好，没必要给自己那么多负累，轻装上阵，凡所遇到的，都是生命的美意。

▶ 低调：
知道自己想要什么，就无需张扬

拥有智慧和才华的人必定是低调的。低调的才华和智慧像是悬在精神深处的皎洁明月，早已照彻了内心，行走在世间，眼睛是明亮的，内心是淡定的。只要知道自己想要什么就好，知道想要什么就无需张扬……

（1）名利劳身，也不过一世浮华

中国老子有句话说得好："宠辱若惊，贵大患若身。何谓宠辱若惊？宠为上，辱为下；得之若惊，失之若惊，是谓宠辱若惊。何为贵大患若身？吾所以有大患者，为吾有身，及吾无身，吾有何患？"这里说的就是名利对于一个人困惑。当一个人突然得到了名利时，心中一定是很高兴的，但从此内心就开始不安起来，脑袋开始想入非非，心想："哎呀，自己可千万不能把这份名利给丢了，如果丢了自己该多没面子啊！"于是每天为了这份虚无缥缈的东西寝食难安，那状态还不如当初一开始就没有得到。人这辈子所经历的一切忧患，主要原因是我们太在乎自己身体的享受，如果抛开那份藏在灵魂里的虚荣心，整个人就会轻松很多，也更容易集中精力，朝自己所向往的方向努力。

从事美业这么长时间，常常会遇到一些顾客毫不掩饰地对我说："爱丽，你能帮我达到蜕变效果吧！老实说我花这么多钱是有明确的目的性的。"我听了这话便问她究竟自己心中满意的效果是什么样的。结果答案着实让我震动："我就是想成为明星，我就是想嫁入豪门，否则整形对我来说有什么好处？我受这些罪为了什么？人再怎么活也是抛不开名利的，自己享受不到这份回报，为什么要掏这份钱呢？"

每次听到这样的答案，我都会很认真的告诉对方："亲爱的，人之所以要追求美，是为了能够经历一番自我修缮后，遇见更完美的自己。来到这里的目的不是追名逐利，而是为了成为自己理想中的样子，是为了让自己更快乐、更自信。这里是回归自性的天堂，不是欲念丛生的集聚地。因为美丽是无价的，它如血液般融入了我们的身心，这与别人本就没有关系，因为你要做的是你自己。"

这是一个欲望丛生的时代，每个人都在为自己的欲念所累，得到的人诚惶诚恐，得不到的人垂涎三尺。他们削尖了脑袋努力地奔向所谓的"锦绣前程"，却在贪婪的利诱下失去了本真，丧失了情感，陷入了一个又一个爬不出的泥潭。就名利而言，对于淡泊者而言，不过是个玩物，而对于利欲者来说，那就是陷阱。假如自己对心中的那份定力还有诸多的不确定，那么最好的方法是静下来思考，认认真真地问问自己："这辈子，你最想要的是什么？它真的有利于你的身心吗？你又能从它那里得到什么呢？"

走了这么远的路，如今的我真的可以做到不再为这些虚无的名利所累了，不管别人怎么认为，我还是自己本来的样子，我还是在经营自己的人生，还是在用心地过着属于自己的日子。面对名利这东西，我时常会把它想成一杯水，正如一句谚语中说："上帝给每一个人一杯水，于是你从中饮入了生活。"面对这色彩斑斓的世界，很多人会在这杯水里加入不同的佐料和颜色，好看的时候会对它的美心生恐惧，难看的时候自己又对眼前的它难以下咽。而对于我来说，它最好的状态，就是一杯清澈透明的凉白开，虽然喝起来无色无味，但对于身体而言却是一种最营养最解渴的饮料。

每当生活出现了诸多的不平静，我时常会一个人静静地坐在佛堂里，让名利的污垢随着敬拜佛前的一缕檀香慢慢沉淀，然后闭上眼，将各种的欲念一点点地从脑海中清空消散。随手捧起经卷，阅读经文，心也跟着一点点抚平下来。那一刻，我看到了自己，一个在挣脱了种种名利和欲望后，孑然一身的自己，一个无比自由自在的自己，而面对那些所得到，和已失去，也终于可以眉头舒展，淡然处之。

（2）最不值钱的就是"优越感"

曾经有一则谚语这样说："如果想树立仇人，就表现得比任何人都优越。如果想得到朋友，就让朋友表现得比自己突出。"这个世界上人与人之间有本能的吸引和排斥，你越是谦卑，别人就越愿意接近你，你越是炫耀，别人就越会低看你。很多人觉得在人前显示出自己的"优越感"是件很荣耀的事情，一听到别人的恭维就会忘乎所以。可我真的想问上几句："亲爱的，你真觉得对方说的和自己心里想的一致吗？假如不是碍于面子人家凭什么要这么做？你觉得你自己真的有那么优秀吗？"

在这个崇尚能力的时代，即便你有三寸不烂之舌把自己的生活说得天花乱坠，炫幸福炫得别人一个个满眼崇拜，生活该是什么样，还是什么样。不会因为别人的赞美多一份，也不会因为谁唏嘘少一点。

曾经认识这样一对要结婚的小两口，新郎说："媳妇儿，我一定要为你举行最豪华的婚礼，让所有人都知道我有你这么一个漂亮的新娘，我们一定能幸福。"

和新娘却沉思片刻说："亲爱的，婚礼不要办了吧！在我看来没有什么意义，我们旅行结婚，去世界看最美的风景，只有我们两个人。""那你真的不准备接受别人的祝福了吗？"

新郎犹豫道："我真的想让所有人知道我们未来会很幸福很幸福，我们就是要高调地在一起，我们就是要用最高端婚宴款待他们。"

198

"可婚姻是两个人的事儿啊，再高调的炫耀最后还不是要平平凡凡地过日子？在我看来这一切不过是浮云。亲爱的，你看戴安娜王妃和查尔斯王子，那婚礼办的真叫一个隆重，举国欢庆，全世界的首脑都递上贺信，那又能怎样？该离婚也离了，王子和灰姑娘的浪漫爱情剧结束了，谁也没有从中得到真正的幸福，有什么意义？炫耀那么半天又有什么意义？"女孩儿沉默片刻说："相比之下，我更看重的是我们的幸福，有办婚礼的钱，我们可以两个人一起去经历更多美好的事情，因为结婚本来就是我们两个人的事，有一张结婚证就够了，接下来的时间，我们可以很低调地在接下来的人生中填满我们两个人的幸福。我们不必炫耀，因为幸福才是我们这辈子真正荣耀。"

老人总是教导我们："一定要低调做人，高调做事儿。"可太多人为了一份人前的优越感，而冲昏了自己的头脑，他们每天都在表现，好像想让全世界都知道自己活得很好。但越是这样，心里越是压力重重，一种莫名的恐惧油然而生，仿佛在说："这场戏既然开始了，无论如何都得唱下去，绝对不能有破绽，否则自己到时候就没脸见人了。"可想想这样的状态时间长了，难道就不觉得累吗？自己始终在拼力维护的究竟是心里的安定，还是华而不实的"优越感"？

曾经从一本书中看到一位记者采访神秘富豪家族罗斯柴尔德家族继承人的介绍，当下这个家族的最高继承人是一对老夫妇。尽管外传他们的家族富可敌国，可两个人真实的生活却是平静而低调的。他们穿着简朴，和蔼可亲，每天吃着最简单的饭菜，对任何人都谦卑有礼。他们从来不会让任何人因为他们本有的高贵身份而难受，相反跟他们坐在一起，你会感觉很舒服，因为他们给人的感受就是一对非常善良而且平易近人的老夫妇。

在交谈的过程中，夫妇俩对记者的生活问寒问暖。当记者谈到自己最敬佩的设计师是皮尔卡丹时，老夫妇笑着说："啊！我认识他，他是我的好朋友，你很想见他吗？我会给他打电话促成你跟他的专访。一切应该都没有什么问题。"记者当时以为老夫妇只不过是随便说说，可没想到采访过后不久，她就接到了这对老夫妇的电话："我已经跟皮尔卡丹先生说了，他同意，而且很开心接受你的专访，目前他在出差，说要再等几天，你放心，我会跟进，帮你把时间定下来。"听到这个消息，记者非常感动。

越是高贵的人越是低调的，越是有内涵的人越是谦卑的，所谓的优越感不过是你与不同参照物之间比较出来的。而真正可以让别人感到舒服的永远是一颗平易近人的心。一个人灵魂的高贵要比任何物质的高贵都重要，越是到达顶点的人越是不会受到"优越感"的牵绊，因为在他们眼中，一切不过是浮云，有去维护它的时间，不如多做点别的事儿来取悦自己。

人生在世，知道自己想要什么就好了，张扬没有意义，炫耀有失品味，一切的"优越感"都犹如捕风捉影。摆正自己的姿态，成为道德高尚的人，去做道德高尚的事，才能得到道德高尚的幸福和喜悦。

▶ 和谐：

让身边的人都好，才是真的好

当一个人从平凡走向成功，渐渐在眼前有了一条崭新的路，心中最大的渴望不是快速地登上顶峰，而是带动身边的人和他一起向着那个至高的目标不断冲刺。一个人即便爬得再高也是孤独的，只有让身边的人都好，才是真的好。和谐生活就是一路有你，互相欣赏，其乐无穷。

（1）静静埋下六根柱子的福祉

每年企业里的孩子都会用各种形式帮我庆祝生日，不断地给我带惊喜，有一年的生日，我一进店，就看到桌子上整整齐齐地摆满了贺卡，贺卡拼成了一颗红心，让人倍感温馨。打开贺卡，在品读这一字一句间，我跟随着他们的回忆去回忆，跟随着他们的成长而成长，宛如和他们一起看到了明天的希望，这一切的一切都成为我日后前进的动力，让我暗自下决心，一定不能辜负了孩子们的期望，要带着他们一起幸福，一起快乐，一起拥有更美好的明天，更美好的自己。

员工信札一：

亲爱的崔老师：

您好！

跟随您已经十四个年头了，我从一个不懂事的小女孩儿，成为咱们企业的榜样，不但实现了买车买房的愿望，而且给了我做人做事的成长机会。您放心，我一定要跟您一起走过下一个十四年，下下个十四年，因为我爱您，我会一辈子跟您在一起。

佩佩

员工信札二：

崔小妈：

生日快乐！

没与您相遇之前我不知道什么是人生规划，什么是人生目标，在跟您7年的时光里，我从一无所知、一张白纸的小姑娘，拥有了独立思考、独当一面的能力，并快速地成为团队里的榜样。不但在北京买了房子安了家，还完成了送爸妈一套房子的计划。

如今的我，已经为人妻，老公虽然高学历，在大公司任职，但他说每天自己的能量都来源于我。他总说："老婆！哪都不要去，就和你们崔院长在一起，那会是你一生的幸福和财富。"这让我更加有信心了。我能拥有今天的一切，都离不开您给我们规划的那六根幸福柱子的福祉。

崔小妈，我爱您，我们都爱您。

曾经让您操心也让您费心的秦美

员工信札三：

感恩崔老师：

在名媛的三年里让我懂得了专注才有力量，承担就是成长，爱就是领导力。以前我干过很多职业，我不服输，我有能力，但我还是一个打工者。没房、没车、没未来。而这三年是我出来工作成果的几倍，不，应该是几十倍。我拥有了两套房子，一辆捷豹轿车，有了属于自己的理想爱人，成为整个家族的骄傲。

这时我才知道，您背后用了多少的时间、精力和智慧，才汇总出这么有力量的六根幸福柱子。心中被您的谦虚、包容和爱心折服。

接下来的时间我不会停止自己的脚步，我愿意和有思想、有远见的人在一起，从您的身上，我永远都看不到停下脚步的那天。我知道那不再是欲望，而是一种强烈的内驱力。对了，最重要的是爱和使命。

崔老师，我爱您，愿和您一起创造更大更多的人类奇迹和幸福。

祝您生日快乐！

张海东

……

看着这么多孩子们的信札，我的心里无比温暖，如今拥抱幸福六根柱子的孩子一个一个在成长，一个一个在成就，我的心里也有着说不出的喜悦。曾经的自己就是秉持着这六根幸福柱子的福祉一路走来，如今拥有了属于自己的美好生活。而令我更兴奋的是，如今企业里的孩子们，也一个个地沿着这六根幸福柱子的福祉，一步步地创造着属于自己的美好生活。看着他们安居乐业幸福的样子，那份心里的成就感，比任何丰厚的财富还要宝贵。

那么这时候你一定会问，爱丽老师，您所讲的这六根幸福柱子是什么呢？究竟它有怎样的魔力，能够让您身边那么多普通的孩子，最终成就了属于自己的幸福生活呢？其实原理也很简单，一切重在规划。所谓幸福的六根柱子，他们分别是人生历程中精心规划的不同阶段：

（1）选对行业平台；

（2）要有自己创造的美好安乐窝，实现有房有车的目标；

（3）选择同频的伴侣；

（4）给父母买房买保险；

（5）生个健康宝宝，规划孩子的良好教育；

（6）健康的旅游规划和奉献社会的慈善规划。

这六根幸福的柱子是一种幸福人生的自我升华，不同的时期、不同的奋斗目标、不同的努力方向，最终从小家到大家再到国家，一步步担负起属于自己的使命和责任。在我看来每个人来到这个世界上都是有天命的，把持好自己的目标，担负起自己的使命，人生就会越走越好。

看着这么多孩子因为六根幸福柱子的规划，生活发生了翻天覆地的改变，自己的内心在喜悦的同时也越来越踏实从容了。在未来的岁月里，相信我们的企业和企业里的孩子们会走得越来越好，让我们点燃内在能量的火把，带着善良天真的情感，循道而行，成为小家、大家乃至国家的希望和骄傲，在明天的舞台上奏响属于自己崭新的华美乐章。

（2）找到可靠助力，借势发展自己

曾经不少同步发展的朋友问我："爱丽姐，名媛发展到今天越来越好，有什么窍门吗？"我想了一下，回答她说："首先要学会感恩，感恩自己的对手，感恩那些能够从各方面锻炼名媛，提升名媛的人，他们是名媛的助力，也是名媛最好的老师，他们是承载我们的风，让名媛的翅膀更加坚实，让名媛能够在借力的过程中，不断前进，不断学习，越飞越高。"

人是不可能单打独斗活在这个世界上的，从一开始智慧的他们就懂得彼此借力，发展自己。其实人的一辈子都离不开别人，不管你从事什么样的工作，在哪里生活，身边都少不了要和人打交道，而每个人身上都有一股力量，假如你够聪明，就可以有效地将这种力量变成自己的助力，从中不断吸取知识和能量，最终强大自我。

我经常在对企业员工培训演讲时告诉大家："其实每个人都活在助力当中，你每读一本书，每见一个人，都会对你的大脑有所影响。所以人一定要学会在借力中修行，选择好一个优秀的平台，和心目中优秀的人在一起，不断借力，不断互相影响，你就能成为和他们一样优秀的人。这是一个彼此获利的过程，越是志同道合，越是能够迸发灵感。当然即便有些人在与你相处中，让你感觉并不舒服，但是这丝毫不影响他将正能量传递给你，你需要不断地用脑思考，用眼发现，说不定下一刻，你就被他的挑剔和责难拉到了一个更精致完美的世界，而你自己对自己的要求也会更加严格。这是好事，世间的每一个人都有能量，关键看你怎么从中获取，假如大家都能掌握这门技术，那么我敢肯定，你一定可以成为一个相当优秀的人，不管你从事什么样的职业，都将是人群中那个最出类拔萃的。"

之所以会说这些，是因为自己就是这样一步步走过来的。曾经的自己梦想着有一家属于自己的美容院，但是从经营到技术，脑袋里都是一片空白。那时候我就想，总不能现在零经验就把自己好不容易积攒下的钱全都投出去吧！假如血本无归，自己岂不是又要回到"解放前"？于是我进行了周密的计划，我找到了一家非常有权威性的美容学校进行学习，在那里结识了很多朋友，她们从知识技术上不断地帮助我、指点我，最终让我在技能上得到相当大的提升，可以熟练地应对操作各种美容美体项目。但这绝对是不够的，有了技术，管理还是一片空白，所以我对自己说："你还要找到更能帮你解决问题的群体，去找一家最高级的美容院

205

吧，不管怎样一定要进去，去向他们学习，直到将里面的一切企业管理、企业运作技能轻车熟路，你就可以做自己要做的事儿了。"

于是在进行了一番精心准备之后，我终于如愿以偿地进入了当时最高档的美容院。在那里我又学到了很多，这对我来说是一个新天地，我在其中又结识了拥有更高远见思想的朋友和管理者，她们的思维方式和管理策略让我着迷，那时候我每天都会把他们教会我的心得写进日记，成为日后开办美容院的积累。

如今我拥有了自己的企业，也在业内拥有了一大批行为卓越、精明能干的朋友，他们的思想境界，每时每刻都在影响着我，而在与他们的合作中，我身上的能量也越来越强大了。这时我才意识到人为什么要不断突破极限、上升高度，因为不同的高度上有一个不同的世界。进入这个世界的金钥匙，就是借势。不断地向别人学习，不断和各方面高于自己的人做朋友，因为他们会让你的脑洞大开，会让你眼睛明澈，会让你的行为蜕变，会让你越来越好。

曾经有人说："你想成为什么样的人，就要和什么样的人在一起。"当一个人提升了自己的圈子，就会发现自己所能借助的外力升华了，当你在这一群人的影响下，改变了自我，从此世界观、人生观都会有所不同。当一个人将心里的那句："你能帮我解决什么问题？"改变成了"我有什么能够帮到你？"他的思想便已经开始在别人的外力影响下升华了。那颗守在身体里的灵魂，就在这样的渗透影响下不断提升到更高的维度，就此身心强大，充满爱、力量和无限可能。

如今我将生命中一切的经历都看成是一种在借力中的修行。我感谢上天，感谢朋友，感谢那些直接或间接帮助过我的人，在他们的帮助下，我的翅膀越来越坚实，我的笑容越来越灿烂，我的气场越来越和谐，我的人生因为有了您们的存在而彻底改变，散发出了别具一格的绚烂光彩。

▶ 释然：
终于可以用温柔的眼光看世界

经历得多了，看待这个世界的角度也不同了，曾经觉得外面的世界有精彩也有无奈。自己很努力很努力，只想能够在那里有一块属于自己的天地。时光飞逝，如今的我已经告别了那段青春，却发现自己终于可以用最温柔的眼光去打量世间的一切，不管是悲是喜，那都是上天赐予我的完美礼物，当一颗心释然了，不断感恩了，生命自然会得到升华，看到另一番别样的美景。

（1）内心失衡，只因尚未看透人生

有一天朋友来店里做客，我们一起脱下鞋子，赤脚登上楼梯进入二楼的佛堂，席地而坐，一缕檀香，一盏清茶，谈天说地，好不自在。只见她回头看了看静坐的佛陀感慨道："爱丽，什么是真正的平衡？"我听了这话好奇地问："你指的是哪一方面呢？""各个方面吧！比如这个世间有的人很努力，能力也很强，却注定一生为别人打工，只能落得个解决温饱。有些人并不出色，但不知道哪天抓住了一个机遇，一下子就成功了！再比如同样一批人一起进入公司，十年后有人成了自己的老板，有人做了业内高管，但有人还拿着一份普通得不能再普通的工资，这样的平衡感究竟从哪里找呢？所以我觉得现在的社会让人都开始生病了。主要原因就是怎么也解不开心里的这个结啊！明明起初大家都是一样的，怎么有的人就成功了，有的人就没有这个机会呢？"

听了朋友这么一说，我的脸也严肃了起来，回想一路走来的日子，我或许也算是幸运的，虽然也经历了不少苦痛的考验，但至少现在自己对当下的生活非常满意，也很知足。现实有些时候就是那么的残酷，它让我们不得不向命运低头，明明是有交点的一群人，却在之后各自拥有截然不同的生命轨迹，有人一崛而起，有人一蹶不振，有人在成功与失败间游离，究竟问题出在哪里？人与人之间又差在哪里呢？

回想起来，假如一个人单单只是仕途不济也就罢了，至少身体还健康，还能在这个世间多看几年浮华。而就在此时，不知道医院里躺着多少病号，每天经历的都是生死之间的挣扎，相比较而言，或许他们更想不通，为什么躺在病床上的是自己。曾经就有一位生病的朋友坦言，每当躺在床上回忆曾经的种种，心里就会一个结一个结地想不通，想自己从出生到现在，虽然不能说没犯过错误，但也罪不至死啊！在很多人眼中，自己还算是个不错的好人吧！怎么病魔非就单单看上了自己？曾经的自己在工作上勤勤恳恳，当仁不让，在家里也是一把好手，深受丈夫信赖，可是现在自己却只能躺在床上，看着输液管一滴一滴地流进身体，除此之外什么都做不了。真到跟自己较劲的时候，觉得进病房打扫卫生的阿姨都比自己幸福。那种内心的伤感，没有经历的人是无法真正理解的。

我一边回想，一边沉默，终于还是被朋友一个："嘿"给叫了回来，我笑笑说："人活一生，修的是自己那颗心，而修心的过程就是平衡的过程，心修好了，处处是极乐，但心失衡了，一切也就跟着失衡了。所以在我看来，平衡感是要从内在去挖掘的，不能总是将眼光放在别人身上，每个人都有别人享受不到的幸福，只不过很多人没有意识到而已。"

前段时间在阅读中偶然看到了这样一段话，每次想起都深有感触：

一个人安静而丰盛，两个人温暖而踏实，也许一个人的你正在美慕两个人的温暖，也许两个人的你却在美慕一个人的自由。20多岁的人或许在渴望40多岁人的淡泊，40多岁的人又想回到20多岁人的青春和激昂。可是生活就是这样，无论是甜蜜还是悲伤，无论是存在缺陷，还是无可挑剔，它都已经在你手中，已经存在在你的经历中，你无法更改也无法替代。

人生充满了未知，而这些未知是不由我们选择的，尽管每个人的生命旅程都有自己的不可抗力，但至少我们可以利用有限的时间提高自己生命的维次，让自己的心平静下来，静观内心的喜乐与忧伤，我们可以把美好的部分剪辑下来，珍藏在记忆中最幸福的位置，或许这时候你就会发现，原来生活并不是我们想象中的那么糟糕，它犹如杯中的水，需要不断地调剂，这样才能在饮用的时候，品出自己的味道。有句话说得好："闻道有先后，术业有专攻。"同一件事，不同领域的人必然抱着不同的看法，把姿态摆正，用平衡的心态去理解，去包容，耐心地给予他们尊重，同时也用心地保护好自己。

想到这儿，内心释然了很多，安静地点燃一支香，独自礼佛，诵经，将内心的真诚和大爱回向众生。假如人生的平衡感就在我们自己的心里，那就让这颗心在上天的加持下羽翼丰满，当灵魂在美好的意境中不断升华，内心就会升起从独乐乐，到众乐乐的渴望。当一个人不是走向圆满，就是行在圆满的路上，内心的分别心就会渐渐淡去，眼前没有了利欲，也就没有了争夺；没有了消极，也就没有了惆怅，而剩下的只有暖暖的一颗心，慈悲、喜乐、安详。

（2）活在当下，让过去成为过去

曾在一本书里看到这样一句话："给时间一点时间，让让过去的过去，让开始的开始……"每一个开始都预示着结束，每一个现在终将会变成过去，那些快乐的，不快乐的，想珍惜的，不想再提的，都会在生命的某个瞬间，不自觉地从我们的回忆中提取出来，像过电影一样把我们带回到过去。我们会笑，会哭，会再一次被感动，然后转过身回到当下，在故梦重游一番后，陷入沉思。

时间是公平的，谁也没有能力让它停滞，它会将喧闹归于平静，会让萌动的孩子越来越释然，它有能力摧毁一切忧伤，也能让一个人永远感怀那回不到过去的过去。一个人不论经历了怎样的成败，太阳升起的那一刻，一切就成了过去。一个人不管是哭着还是笑着，都是毫无选择地在生命的轨道上走着，或许他们会记住一段情绪，却回不到任何一段曾经。时间就是如此地富有神性，我们在它的看顾下成长、成熟、成为、成就。我们着眼当下，展望未来，对待过去越来越平和，也越来越安静。

曾经有一个朋友，在商场上失利，投出去的钱一下子血本无归，很多人都觉得这下他一定会垮掉了，肯定好几个晚上都睡不着觉，但没想到面对这样打击的他，显现出了超乎寻常的乐观。每天睡得很好，照样去上班，照样坐在办公室里处理一件一件的工作，一丝不苟兢兢业业，下班的时候面带微笑，跟路过的每一位企业员工打招呼。回到家也没有任何情绪，照样一进门开心地亲亲自己不到五岁的儿子，和爱人一起做上一顿温馨的晚餐。

看到这样的情景，我好奇地问他："心里就真的不难受吗？"他听了笑笑说："不难受是假的，但它已经成为过去了，一个人不能总跟过去纠结吧？"

听了这话，我内心既感动又敬佩。快乐的人不是没有痛苦，而是不会被让自己痛苦的事左右。这个世界上没有过不去的事，只有过不去的心情。过去了是门，没过去是槛，人的一生可以穿越很多的门，但没有必要给自己无形地设置那么多槛。一切不过是一种经历，经历了，明白了，感悟了，财富就已经到手了。快速地忘记那些没有必要的纠结，开开心心地恢复到最佳状态才是最聪明的选择。

之后这位朋友，在乐观的心境下东山再起，事业做得风生水起，而面对这骄人的成绩时，他的状态和往常没有什么变化，仍然每天早起，开开心心上班，认认真真办公，和每一位迎面走来的企业员工打招呼。仍然认真地经营自己的家，是儿子的好爸爸，爱人的好老公。在他看来，每一天在太阳落山的时候都会成为过去，而自己最重要的就是向前看，让自己在每一个当下都能过得开开心心，因为开心永远是生命中不能缺少的元素。

当一段生命旅程开始的时候，过去的已经过去，未来的还未开始，过分地纠结于过去，会让我们深陷沉沦，过分地展望于未来，会让我们越来越不切实际。唯独当下，你正在经历的每一个当下，才是你真正能紧紧抓在手里的财富。它在过去与未来的中间点，不断地吸收曾经的经验，也能让你迈着最美好的步子走向将来。

经常会看到一些人，一件事情刚做到一半，就因为突然出现的一些小插曲而惊魂不定，心里担心着："啊！怎么办？如果中间出了问题，未来怎么办？"却没有意识到，只要专注做好当下的一切，或许自己为未来担心的事永远都不会出现。或许有些人会说："怎么会？以前我就出现过这样的问题。"可以前真的就已经成为一个固定公式，成为不可改变的真理了吗？世界是无常的，是多变的，谁也没有把握让自己每分每秒都按照自己思想的轨迹前进，因为生命给我们更多的是考验，这些考验没有预期，你也不知道什么时候被试探，唯一能做的，就是专注于自己，专注于最能把握好的当下，只要自己把事情做到无愧于心，它必将会用世间最美好的回报你。

生活是什么？生活就是一个起点接着又一个起点，每一天对于我们来说都是崭新的，而每一天也必将毫无选择地成为过去，假如看清了这一点，心中便不再有困惑了。明天还很远，昨天已经过去，而今天的自己是最有资格让自己幸福的，不再去疯狂地追逐，也不再一味地去怀念，专注于当下最重要的事情，发出自己最真实的声音："这一天一定要精致，因为我要幸福，也一定会幸福。"

► 无为：
越是到极致，越是没有自己

有些朋友曾经问我："爱丽姐，人活到极致时是什么样的？"根据我的经验，越是站在金字塔顶端的人，越是会对托起他的同仁心存感恩，越是会把眼光着眼于大家共同的利益，越是会努力地为他人谋福，他们用最深沉的爱融化了自己，将自己的生命融进了别人的世界。这才发现人生越到极致，越是没有自己。

（1）专横的爱，别人接受不起

一个女孩儿恋爱了，她托着下巴问妈妈究竟什么才是爱情最美的距离。

妈妈想了想，笑着对她说："这感情啊，就好像我们身上的一件衣服，你把它捂得太紧，会让人热得透不过气来，你让它太单薄，会让人冷得恨不得想换一件。唯独一个刚刚好，才真让人觉得舒服，不管什么时候，都舍不得把你脱下来。"

女孩儿若有所悟地点点头说："哦，原来这才是爱的智慧。"

生活中，我们很多人想去爱，也有很多人渴望爱，却在爱真正到来的时候，开始下意识地逃避起来，主要原因就在于，这份爱接受起来并不舒服，它要么是不符合自己的要求，要么就是距离上出现了问题。这个世界上没有距离往往就是心与心之间最远的距离，只有一切刚刚好，刚刚好让别人能够承受，才能保持世间最默契的关系。

那么怎样才能修好这份爱的能力呢？我们不是圣人，无法一步跨向菩萨般的境界，但至少我们可以先学会好好爱自己，让自己首先具备让自己美好起来的能力。因为能量是彼此传递和吸引的，假如你连自己的感受和需要都不明了，又怎能将幸福的能量传递给别人呢？其实每个人都是一样，想融入别人的欢乐与痛苦，就先要通透地了解自己，这样才不至于在帮助别人的时候有所迷失，时刻都能保持在刚刚好的距离。

其实人与人之间是很容易产生共鸣的，正如歌中唱的那样："因为路过你的路，因为苦过你的苦，所以快乐着你的快乐，追逐着你的追逐。"当你在不断了解别人的过程中，把他当成自己去珍惜去关爱，你就会发现，原来彼此之间还有那么多相似之处。

假如你已经深刻地了解了自己，那么不妨再尝试下一步的练习，要想让对方接受自己的爱和关心，就要学会站在对方的立场上思考问题，将自己的推测和判断，放在一边，用心理解和感受对方的思想和处境，因为只有真切地明白对方心中的渴望，才能给予对方最好的帮助。

可如今我们经常会碰到那种专横式、剥夺式的关爱方法，你每天都会听到他们蛮有道理地说："我很爱他啊，我很关心他啊，我已经把我最好的给他了啊，为什么他不买账啊？"由于这颗不平衡的心难以平复，他们开始由付出者变为索取者，不惜摆出命令的架势要求对方按照自己的想法做事，假如对方有不同意见，就会觉得自己受到了很大的亏欠，一脸抱怨地说："我已经把最好的都给你了，你还有什么不满意的？"殊不知对方在这样的爱下有多么疲惫，多么想逃离。

真正聪明的人，绝对不会让自己爱的人感到任何的不舒服，他们时常保持中立，从来不主观臆断，而是在无形中让对方欣然接受他的引导和帮助，不断给对方幸福的感觉，让他们在自我成就中恢复自性，而不是强迫对方一定要活成自己的样子，这样才不至于"好心办错事，帮忙帮倒忙。"

回想一下曾经的自己吧，我们起先都是对自己有要求的，之后又开始将更多的要求传递给别人，直到当自己真心希望对别人投入关爱的时候，才发现一切的要求都是毫无意义的。假如一定要有什么要求，唯一的要求就是希望对方能够快乐，能够成就，能够真正地感到幸福，而为了这个目标我们会毫无抱怨地体会他的忧伤，用心地感受他的渴望，真诚地去赞美他、去支持他，和他一起去面对问题、解决挑战。而当他收获成功的喜悦时，你也会如自己成功了一般喜悦。这种喜悦是本能的、真挚的，是没有半句虚假的。

在我看来，真正的爱不是占有，而是宽容和信任。我们都是人间的凡夫俗子，在修行的过程中轮回往复，单单一句渴望爱是不够的，因为爱的光环下最珍贵的不仅仅是慈悲，更多的是智慧。我们要做世间的水，温柔、随顺却充满了灵性之光，它可以达到不同人期望的温度，也可以是所有人最本能的需要，它就这样以自然的形态融进了我们的血液，在我们的身体里倾注了自己全部的爱。

所以放下那份偏执吧，放下那份对别人的专横，大爱是如水般无形的，也是每一颗灵魂本就具备的能力，在找到自性的同时，帮助别人找回自己。在刚刚好的时间与对方不期而遇，刚刚好的温度，刚刚好的话语，配上刚刚好的距离和关心，相信对方一定会欣然接受，因为他明白，这里没有专制下的"我"，你全然地爱他犹如爱自己。

（2）心中有光，无我，轻松，极乐

想得太多情绪会低垂，在乎太多内心会憔悴，纠结太多人就会思想崩溃，有些时候大智若愚才是真的智慧，傻一点是一种彻悟，人生难得糊涂，无非是另种形式的放过自己。面对得不到的东西一笑而过，面对等不到的感情自我解脱。人生最快意的是半玩世半认真的生活状态，无我的人往往都是装傻的高手，心胸更开阔，也更容易找到属于自己的快乐。

　　经历了这么多人生的曲曲折折，让我渐渐意识到，人这辈子未必要活得多么聪明，让自己适度地笨一点其实也挺好。计较过多辛苦的还是自己，算来算去还是一笔瞎乱账，倘若换一个角度处理事情，面对爱占便宜的人，让他三分；喜欢被夸奖的人，就夸他两句；逢场作戏的人，远他几步，自己又能有什么损失呢？智慧的人不是看不穿而是不揭穿，不是说不出而是不想说。大智若愚的人，更懂得宽容，更注意用心去经营手中的感情。

　　曾经年轻时的自己，对一切要求很高，遇到看不惯的地方就要说出来，而如今的自己，则相对自在很多，每每遇到同样的境遇，就会在意念中提醒自己："总有些事会是你看不惯的，那就不必看了吧。总有一些理是说不清的，那也不必过多解释。对于信赖你的人，做任何事情都无须解释，对于不信赖的人，也就更加无从解释，与其这样为什么不能放轻松一点呢？"自己轻松了，别人也会跟着自在，气氛一松缓下来，很多事情自然迎刃而解、水到渠成。

　　生活中之所以有那么多的痛苦，主要原因就是我们把自己这个"我"看得太重。很多人都在有形无形中为自己缔造着受害者的身份，觉得这个世界最应体现的是那个"我"的价值，殊不知在那宽广的宇宙世界中，小小的自己又算得了什么呢？与其在无数的痛苦中强化这份对于错误之我的坚持，不如放轻松，将这个"我"放下，尽情地去感受生活，享受其中的快乐与自在，体会那份生命中真实的幸福感。

　　那么怎样拥有这一切呢？想得到也非常简单，从点滴小事做起，不和家人争争吵吵，家庭才会和睦温馨。不与爱人据理力争，寸步不让，感情才会收获幸福。不与朋友过分计较，友谊才能地久天长。不与同事争功抢利，职场必然一团和气。一切都在这样的宽容退让中收获了更多的恩赐。在这个世界上，计较得越多往往得到得越少，而退一步却可以收获海阔天空。由此看来，快乐的生活境界实现起来其实就是这么的简单，种种的痛苦和焦虑，往往是我们自己制造出来的一个茧，自愿地被各种牵牵绊绊包裹成一个团，然后在无量无边的负面情绪下痛不欲生。

如今的世界，浮躁而充满欲望，所有的人都在为自己的欲望而打工，在不懈的追求中边痛边走，最终活得一点都不像自己，地位、车房、银行卡上标明的数字越多，心中想要的越多，可快乐却越来越少了。回头看看自己来时的路，多久没在自己心灵的家园中好好耕种了？多久没有和那颗纯净纯善的本我之心同频共振了？每天一味想去得到，却忘记了眼前的这个世界原本就不是属于我们的。

曾经的我们两手空空来到这个世界上，大人给一个微笑，就能让我们心花怒放，给一个棒棒糖，就觉得整个世界都充满了糖果一样甜美的幸福。而今人已成熟，那份天真无邪的快乐又去了哪儿呢？这个世界无论给我们多少都是意外的惊喜，我们所要做的就是保持好那颗孩童时代的好奇心，带着一种冒险的精神去经历、去感受、去欣喜、去感恩，只有这样才能感受到自己与世界的和谐。

师父常说："人生就是一个不断蜕变的过程，从烦恼到宁静，从凡夫步入极乐，心升华了，人也就自在了。长久的喜悦就是这么得来的，原理很简单，但做起来并不容易。"如今的很多人都说不出极乐是什么，在我的眼中它就像山间清澈的泉水，不断去爱，不断付出，最终汇聚成爱的江河，将那份滋润的甘甜传递到每一个角落，在人的心里埋下喜悦的种子，不断升华着幸福的能量。

当我们来时，众人笑了，我们紧握双手，哭着来了。当我们走时，众人哭了，我们双手空空，笑着离开了。假如生命仅是一遭轮回，那它唯一能留在这世界上的，只有一份相互行善的心。将这份善良传递给更多的人，无我，轻松，极乐，安详！